ここに掲載した一式戦闘機I型丙「隼」は、1995年にニュージーランドのワナカにある
アルパイン・ファイター・コレクションで復元されたものである。
機体は、大戦中、ラバウルに展開した飛行第11戦隊（2代目）の所属機で、
エンジンはオリジナルの「ハ-25」を搭載する。
垂直尾翼には飛行第11戦隊のマークが描かれ、日の丸の径も当時と同じサイズである。

撮影：井上弘俊

NF文庫
ノンフィクション

新装解説版

戦闘機「隼」

昭和の名機栄光と悲劇

碇 義朗

潮書房光人新社

本書は、日本陸軍の一式戦闘機「隼」の開発から戦歴までを綴ったノンフィクションです。

本機は約五八〇〇機が作られ、優れた格闘性能と最大三〇〇〇キロにもおよぶ航続力という特徴を持っていました。

太平洋戦争の開始から終焉まで、よく戦い続けましたが、しだいに重武装・高速化という世界の趨勢から取り残されていきました。

開発に携わった人々、戦場で戦った将兵たちの苦闘を描きます。

戦闘機「隼」——目次

序　章　「隼」対「ムスタング」

第一章　陸海軍の主力機を独占

第二章　近代的戦闘機への模索

第九章 「隼」は死なず

写真提供／著者・雑誌「丸」編集部

戦闘機「隼」

昭和の名機栄光と悲劇

序章　「隼」対「ムスタング」

檜中尉、敵新鋭機をおとす

ノースアメリカンP51ムスタングといえば、第二次世界大戦における、もっともすぐれた戦闘機のひとつとして、ひろく人びとに知られている。長大な航続力、軽快な運動性や強力な武装は、太平洋戦争初期の日本の「零戦」の優位をそのまま連合軍側にうつしかえた、と考えてさしつかえないほどの脅威を日本軍にあたえた。

事実、高速一点ばりのアメリカ機にはめずらしい良好な運動性は、格闘戦なら絶対に負けないという、それまでの日本軍の戦闘機パイロットたちの自信をくつがえすものであったし、高速力にくわえて強固な防弾装置をもったP51は、大戦中期以降、すでに旧式化した零戦や「隼（はやぶさ）」などのパイロットたちにとって、もっともやっかいな相手だった。

とくに一九四三年以降、ビルマ戦線で、ひしひしとせまる連合軍側の強力な航空攻撃の矢おもてにたっていた、わが隼戦闘機隊にとって、このスマートな敵の新鋭戦闘機の出現は、その任務をさらに困難なものとした。

戦後、生きのこったわが戦闘機パイロットのなかで、P51と交戦した経験のある人びとは、だれもがP51をきわめて手ごわい相手だったと証言しているが、例外もあった。当時、陸軍の飛行第六四戦隊の中隊長だった檜與平中尉（のち少佐）がそれだ。

飛行第六四戦隊は、加藤隼戦闘隊として知られた伝統ある部隊だが、檜中尉のひきいる第三中隊の隼二型四機は、ビルマのラングーン上空で初見参のP51七機を攻撃、その三機を撃墜した。

それは、昭和十八年十一月、ビルマの雨季がようやく明けようとしているころであった。歴戦の飛行第六四戦隊はつぎつぎにパイロットをうしない、軍神と仰がれた加藤部隊長が戦死してからわずか一年半のあいだに、三人も部隊長がかわるという激戦ぶりだった。

部隊長は広瀬吉雄少佐。ながい雨季のあいだ、部隊はタイ国のドンムアン飛行場に後退、きたるべき雨季明けの戦闘再開にそなえて、訓練に明け暮れていた。

ある日、ビルマのラングーンにある第五航空軍司令部から、第六四戦隊に命令がつたえられた。

「敵はアキャブ付近に上陸のきざしあり、空襲も逐次本格化しつつあり。広瀬部隊は、すみやかに一個中隊をビルマに派遣、第五航空軍の指揮を受けしむべし」

軍司令官田副中将からであった。これを知った檜は、さっそく広瀬部隊長の宿舎をおとずれた。ベランダでやすんでいた広瀬少佐を見るなり、中尉はきりだした。

「部隊長どの、檜の中隊をやっていただきます」

広瀬少佐はこの申し出をまっていたかのように、顔をほころばせてこたえた。

「うん、おれも君の中隊に行ってもらおうかとおもっていたのだ。君の中隊が、いちばん訓練がよくできているからなあ」

海軍の零式戦闘機とともに太平洋戦争の主力となった陸軍の一式戦闘機「隼」(キ43二型)。格闘性と安定性の高い傑作機。

まだ雲はおおかったが、雨はすっかりあがっていた。いよいよ、雨季が明けたのだ。檜は中隊の九機で、半年ぶりにラングーンのミンガラドン飛行場に進出した。そして、着陸数時間後には、はやくも敵が来襲するかも知れないとの情報がはいって、基地は緊張につつまれた。

その夜、敵は執拗に夜間空襲をくりかえし、待機所(ピスト)に待機していたパイロットたちを眠らせなかった。

明けて十一月二十五日、さすがに全員疲労の色をかくせなかったが、そんなことはおかまいなしに、昼ちかく、ふたたび敵機来襲の情報がはいったので、檜は部下の三機を指揮して離陸した。上昇して一時間ばかり上空の哨戒(しょうかい)にあたったが、敵機は姿をあらわさない。このとき、檜の乗機の無線が故障したらしく、地上との連絡がぷっつりと切れてしまった。

時計を見て敵機は侵入してこないものと判断した檜は、約六千メートルの高度から、いっきょに高度を下げ、着陸コースにはいった。

着陸前には上空に気をくばらねばならないというそれまでの戦訓から、編隊解散の合図をおくるまえに、ほとんど無意識に後上方をふりむいた檜は、高度約四千メートル付近にいままで見たこともない、単発の頭のとがった飛行機が七機、編隊をくんで飛んでいるのを発見した。

新型の戦闘機がここまで侵入してくるのは、航空母艦から飛びたつ以外にはない。それとも味方機か、いやそんなはずはない。檜の頭脳は、一瞬、くるくる回転したが、とにかく敵味方のわからぬときは、接敵してみよ、というのが原則である。

とっさに檜は解散の合図を敵発見の信号にかえ、たちまち急上昇にうつった。僚機もそれにつづいた。

敵はすでに高位にあり、低位から戦闘するのはきわめて不利だ。なんとかして同高度戦闘をまじえたいと考えた檜は、まず太陽を利用しながら敵の後方にもぐり、ぐんぐん上昇していった。そうして、彼我の高度差が約二百メートルくらいにちぢまったとき、あきらかに敵機であることが確認された。敵機との直線距離は約五百メートル。

ちょうどそのときだった。別の基地で、新しくやってきた少年飛行兵たちを訓練していた隅野五市中尉の飛行機が、単機で上昇しながら攻撃を始めたのが目にはいった。

「あぶないっ！　隅野！」

檜は思わず、機上でそう叫んだが、敵機は高位の有利な態勢にあり、しかも動きがP40（トマホーク）あたりより俊敏そうで、隅野機の苦戦はあきらかだった。

敵機はたちまち上空から舞い降りて、隅野機の後方にまわり込んだ。隅野は必死に機体を操作してP51の追撃をかわそうとするが、運動性にすぐれた敵機はぴたりと追尾してはなれない。敵機の射ち出す曳光弾がぶきみな光の束となって隅野機を包みはじめた。

敵味方の二機がもつれあいながら飛行場上空に高度を下げて行った。もはや一刻の猶予もできない。翼を急激に振って戦闘開始を列機に告げた檜は、まっしぐらに隅野機の救援に向かった。

だが、どうすることもできない。みるみるうちに敵味方の二機は、もつれあいながら、飛行場の上空に高度を下げていった。ながい時間のように思われた。だが、その間わずか数十秒。私（檜）はわが方がまだ、いくぶん不利な態勢にあることを知ってはいたが、いまはもう一刻も猶予できない。ただちに隅野機の救援にむかった。私は翼を急激にふった。戦闘開始だ。

私は敵の編隊長機にたいして、あさい角度で、後上方攻撃をかけた。敵機を照準眼鏡にぴたりととらえ、三十メートルまで肉薄した。米軍のマークがあざやかに見える。まず座席付近に一連射を集中した。

ドドドッ！　と私の機の機銃が火をはいた。

だが、敵機は、その空中性能に自信があるのか、あるいは操作をわすれたのか、戦闘を開始しても大きな増槽（落下式補助燃料タンク）を落とさない。そして一撃をうけると、いとも無雑作に反転した。その途中で、ぱらりと増槽が落ちた。見ると白い敵機の腹部が私の眼前にさらされている。

私は、そこをねらって一連射をたたきこんだ。その瞬間、敵機の翼の付根付近が、ばらばらともげて分解し、そのまま敵機は、地上めがけてつっこんでいった。（檜與平著『つばさの決戦』光人社刊）

檜編隊の救援で危機を切り抜けた隅野中尉は、このあと別のP51を低空で追いかけ、ラングーン沖の海上に撃墜した。

結局、この日の戦闘では檜、隅野に加えて木下准尉も一機おとしたので、合計三機のP51撃墜を記録した。このうち、一人のパイロットはパラシュートで降下してとらえられたが、調べによって、第七飛行団長ミルトン大佐であることがわかった。彼は訊問にたいし、撃墜されたのではなく、エンジンの故障でおちた、と主張していたようだ。

しかし檜は、敵の編隊長機を攻撃して、機体の一部を吹きとばしたことを確認しており、これがミルトン大佐の乗機であったと想像される。翼の付根付近が、バラバラもげて分解したと見えたのは、ラジエーター・カバーのことであり、液冷エンジンの致命部であるラジエーター（冷却器）をやられたことが、簡単におちた原因とおもわれ、ミルトン大佐がエンジンの故障でおちたと考えたのも一理はあろう。

檜はこのとき、これが敵の新鋭P51ムスタングであることを知らず、帰って敵機目録表を調べてわかったという。午後ふたたびやってきたので空中にあがって見ると、かつおぶしのような特徴のあるとがった機首と、胴体下面後方にラジエーターがついており、P51であることを再確認した。

おそらく、陸海軍を通じて、これがP51ムスタングをおとした最初とおもわれるが、檜はこのあと、戦隊の黒江保彦大尉と相談して、航空本部にP51が出現したこと、ならびに隼二型で対抗できると報告した。

では、P51は隼にとって、楽な相手だったかというと、けっしてそうではなかった。はじめ檜は、落下タンクを両翼につけたP51に接近したとき、友軍の双発戦闘機（二式複座戦闘機「屠龍（とりゅう）」）ではないかとおもったらしい。このように、おもくて空気抵抗のおおい増槽をつけたままであったことが、P51にとって大きなハンディとなったようだ。開戦当時、圧倒的優勢をほこった海軍の零戦ですら、増槽をおとし忘れたか、なんらかの故障で増槽がおちないまま空戦にはいったときには、やられている。

隼とP51では設計の時期がちがううえ、エンジン出力だけを例にとっても隼二型の千百五十馬力にたいし、P51は千六百八十馬力と格段の差があったうえ、性能的にも大きなひらきがあったが、低高度では運動性にまさる隼が善戦したようだ。

だが、確実にいえることは、檜のような優秀なパイロットなら、隼二型でもP51に勝つチャンスはあったということだ。しかし、敵が優速を利しての一撃離脱戦法をとる場合は、対抗手段がなかった、というのが実情だったのではなかろうか。

ムスタングの逆襲

十一月二十五日、はじめて来襲したP51を三機おとしたが、それから二日後の二十七日、檜は強烈なしっぺ返しを受けた。

この日午前九時ごろ、けたたましく警報がはいった。

「敵戦爆連合の百機、アキャブ上空を南進中」

アキャブはラングーンの北西約五百キロにあり、事実とすればあと二時間足らずでやってくる。それにしても、これまで一度に三十機以上できた例がないのに、百機以上とはすごい。これをむかえうつのは、本隊からかけつけた黒江保彦大尉を含めても隼七機と二式単座戦闘機鍾馗一機の総計わずか八機。しかも檜中尉は、なれない風土から胃腸をわるくしたのと連戦の疲労で食事も満足にとれず、すでに体力的には限界であったが、彼はそれをおして出撃した。

正午すぎ、いくつかの梯団(ていだん)にわかれ、ミンガラドン飛行場を左に見て、北の方からラングーン市街上空に侵入しようとしている敵大編隊を発見した。

敵はコンソリデーテッドB24リベレーター四発爆撃機約五十機と、P51、P38（双発双胴のロッキード・ライトニング）の両戦闘機合わせて約三十機で、味方はわずか八機。十対一の劣勢である。

太平洋戦争中の名戦闘機の誉れ高いノースアメリカンP51C ムスタング。大戦中期以降、旧式化した隼の強敵となった。

もともと、隼は戦闘機同士の空中戦のために設計された飛行機であり、設計された当時の陸軍の見とおしのあやまりから、十二・七ミリ二梃以上の機銃は装備できない構造になっていた。

これは連合軍のP40やP51が十二・七ミリ六梃、P47サンダーボルトが十二・七ミリを八梃もつんでいたのにくらべると、いかにも貧弱な武装であった。それでも、対戦闘機戦闘では、得意の格闘戦に相手をひきこめば、隼は有利に戦えた。敵のうしろにまわりこむことさえできれば、機銃の多少はたいして問題ではなかった。

だが、重装甲と重武装で厳重にまもられたB24のような大型爆撃機にたいしては、打撃力の不足はあきらかであった。いくら命中弾をあたえてもおちないB24にたいし、パイロットたちは自殺にもひとしい肉薄攻撃をくわえるしかなかった。そしてある者は最後の手段、体当たりによっておとそうとした。

B24体当たり撃墜の第一号は第六四戦隊の渡辺美好軍曹だったが、この時は体当たりを意図してぶつかったのではなく、攻撃に熱中したあまり、近よりすぎてぶつかったといったほうが適切だった。つぎは上口十三雄(かみぐちとみお)伍長だった。彼はB24来襲をきくと、機関銃のついていない訓練用の隼でとびあがった。はじめから、体当たりを意図しての攻撃であることはあきらかであった。彼は後方から接近し、プロペラでB24の胴体をかみくだいてこれをおとし、自分はパラシュートで生還するというはなれ業(わざ)をやってのけた。

完備した防弾鋼板と防火装置によって守られた機体内に、七人から十一人の乗員が乗り、十二・七ミリを十梃も装備しているB24にたいし、十二・七ミリ二梃と、貧弱な防弾装置しかもたない隼による攻撃が、どれほどの勇気と犠牲を必要としたかは、想像を絶するものがあった。

檜は数梯団のB24群の中から五機編隊の一梯団に狙いをつけ、その後上方を飛んでいたP51の四機編隊をまず攻撃して一機をおとした。おどろいた残りの三機がぱっと左右にわかれて散ったのを見てB24にかかり、執拗な攻撃の末に一機をおとすことに成功した。

今日は何が何でも、敵をのがしてはならない。

すでに一機をおとした檜は、心に余裕をもってそう考えた。前方には、必死にのがれようとしているB24がさらに一機。陸地からはかなり遠くなっていた。

メーターを見る。燃料はまだある。隼の長大な航続力がありがたい。

弾丸！　これものこっている。すでについてくる味方機はなく、ひろい空中には敵と味方と、一機ずつしかいない。だが、ふしぎに、さびしさも恐怖も感じなかった。

攻撃だ！　檜中尉は速度をあげ、前方の獲物を追った。

敵機の上方をかけぬけるようにして前にでると、くるりと反転して、真正面から攻撃にうつった。たがいに弾丸を撃ちあいながら、ものすごいスピードで接近する。あわや衝突！敵のパイロットの顔がはっきり見えるほど接近したところで、隼は翼をひるがえして上昇した。

ちらっとふりかえった檜中尉は、左のプロペラがひとつ停止しているのを目のはしにとらえた。

しめたっ！　思わずほくそえんだ中尉は、とどめをさそうとB24の後上方で反転した。だがこのとき、B24のSOSでかけつけたP51が、ひそかに背後からしのびよっていたのに檜は気づかなかった。

——突然、下方から、がくんとつきあげられるような衝撃をうけ、私はくらくらっと、はげしい目まいにおそわれた。その瞬間、操縦桿がひかれたらしく、機は上昇の姿勢をとった。

——あっ、P51！

あわてて急旋回したとき、下から上へ、幻のごとくつきぬけていく一機のP51を、私ははっきり見た。

――不覚だった。

と思ったが、すでにあとの祭りである。全身がしびれ、腹から下の感覚がない。座席には黒い滑油がながれこんで、機がぐらぐらとゆれている。だが操縦桿をもつ手はうごいている。

――手はやられていない。足だな。

私はいそいで状況を判断した。

目がかすみ、霧のようなものが目の前にたちふさがっている。目をこすって座席を見た。すると、見えた！

ころがっている航空長靴、血！　左手で右足をさする。ぬるりとした感触が航空長靴をとおして感じられる……足首がない。

ふわっと気が遠くなった。これでおれの飛行機乗りの生命もおわりか！　ふっと仲間たちからおき去られていくさびしさがこみあげてきた。

私は愛用のマフラーを首からはずして、太腿をしぼった。そして、もう一回むすぼうとしたとき、またもP51の攻撃をうけた。私はかろうじて射弾を回避した。だが、意識はうすれ、機はきりもみになって落下しはじめた。

が、その途中で、私は、はっと意識をとりもどした。頭がぼんやりしている。しかし、けんめいに機を水平にもどしてから、私は無意識のうちに太腿のところを、しっかりとむすんだ。座席は、滑油でまっ黒だ。そして、この滑油にまじったどろんとした血が、どんどんふえていた。

――ああ不覚であった。残念だ。油断がいかん。

なんとしても、後悔だけが先にたってならない。がんばって見ひらいている目先が、だんだんもうろうとしてきた。

海岸線まではまだ遠い。だが、なんとしてもたどりつきたい。

計器のガラスに顔をうつしてみたら、まっさおだった。まるで死人の顔のようであった。一面に鳥肌(とりはだ)だっている。

海岸線が白く見える。私は海にひきこまれていくような昏迷(こんめい)とたたかっていた。そして、愛機を海岸線の方にもってゆこうとした。だが、すぐその海岸線が見えなくなり、目のまえにひろがった霧はこくなるばかりであった。

――檜、こんなところで不時着してはいかんぞ。基地まで、がんばれ！

聞きおぼえのある声が耳もとできこえた。いや、そんな気がした。その声は、亡き加藤部隊長の声だ。そうだ、この声には、いかなることがあろうとも、したがわねばならない。

――はい、基地までかえります。

私は、力をふりしぼって、傷口をしばりなおした。どろどろした滑油がからだをぬらしている。

羅針盤(コンパス)に顔をすりつけるようにしてE（東）に針路をきめた。さいわいなことにエンジンは、なお快調である。

陸地まで飛んだ。しかし、方角がわからない。私は、腰から手拭(てぬぐい)をとって鉢巻(はちまき)をしようとした。だが、目がまわってどうしても飛行帽がとれない。

速度計も高度計も破壊されていた。

針がピンピンとはねている。腕をみると、血の色がなく鳥肌だっている。

――おれも、いよいよ、これで死ぬのかなあ。

さびしさが、もうろうとした意識のなかに、どっとこみあげてきた。それは死にたいする恐怖ではなく、戦友たちから離れていかねばならないことにたいするさびしさであった。目の前がだんだんくらくなってきた。

――もう最後のときがきたのかもしれない。

かつて、ローウィンで自爆しかけたときのことが、このときになって、またありありと思い出された。

――そうだ、ローウィン攻撃のときも、たしかに、いまとおなじ状態だった。とすると、あのとき基地までかえれたんだから、こんどだってかえれる。

ふしぎな自信のようなものが、ふいに胸のなかにうかんできた。だが、すぐにまた、昏迷がおしよせてきた。

約三十分、くるしい飛行がつづいた。高度は約三千メートルくらいか。

愛する部下や、部隊長、黒江大尉などの顔が、つぎつぎにうかんでくる。

いくたびか睡魔と幻覚がおそいかかり、遠のいていった。死神も黒い手をひろげて、しわがれた声で誘惑した。

「……もうだめだよ。……おれのふところへくるがよい。ずっと安らかだよ……」

しかし、そのたびに、力づよい、なつかしい声が、それをうち消してくれた。もう時間は消えていた。

いつのまにか、私は加藤部隊長機の僚機だった。

どれくらいの時間が、それからたったか。ふと気がつくと、私は一機で飛んでいる。隊長機の姿など、どこにも見えない。

――ここはどこだろう？

私は目をこすり、頭をつよくたたいた。歯ぎしりして下を見ると、パセインの上空であった。私はここで、二度ばかり上空を旋回した。だが、目がかすんで飛行場がみつからない。ここへ着陸したとて、この傷の手当の方法もあるまい。万一の僥倖をかけて、ラングーンまで行こう。ラングーンには、かわいい部下もいる。病院もある。たとえ途中で死んでも悔いはない。

飛行第64戦隊（加藤隼戦闘隊）の名パイロット檜與平中尉。

気がおちついてきた。くるしいなかを飛びつづけた。いつのまにか、飛行機はおもわぬ上昇をしていた。ふと下を見ると、十字の滑走路が見えた。

――基地だっ！

私は助かったとおもった。着陸を決心すると、心に余裕が出てきた。

——そうだ、右足がだめなんだ。格納庫を右にして降りよう。でないと危険だ！

速度感覚がにぶっている。フラップも故障ででない。ずしんと滑走路に着陸はしたが、滑走路のはしまでいっても、とてもとまりそうにない。意識がだんだんうすれていった。スイッチをきったから、飛行機は、火災の心配はない。だが速度がおちないので、おもいきって左足を踏んだ。すると、飛行機は、くるりと一回転してとまった。もうなにもわからなかった。気がついてみると、砂煙りをたてて始動車がはしってきている。

プロペラがたんにとまったとおもっているのだろう。中隊の兵隊がかけつけてきた。

「おい、損害はなかったか？」

「はい。鈴木少尉どのが戦死されました」

「それだけか」

「はい、山本伍長が落下傘降下であります。地上勤務員には損害ありません」

また、気がとおくなった。

「中隊長どの！」

さけぶ声が遠くの方にきこえている。

からだを動かされて、はっと気がついた。

「おい。損害はどうか！」

自分では気がつかずに、おなじことをいって座席から立ちあがろうとしたが、へなへなとなって立てない。

そうして、私はまた、気が遠くなっていった。(『つばさの血戦』)

檜はこのときの負傷で右脚のひざから下を失ったが、強い精神力と文字どおり血をにじませてのリハビリにより、一年後には義足をつけて大空に復帰し、今度は日本本土上空でP51をおとしている。

このときの乗機は隼ではなく、新鋭の五式戦闘機だったが、いずれにせよ檜にとってP51ムスタングは因縁浅からぬ飛行機となった。

第一章　陸海軍の主力機を独占

中島飛行機への誘い

「それにしても、私は飛行機設計の道をえらんだことをひそかに自負するほどに、本当の飛行機バカであるらしい。それもまったく偶然にえらんだ道であり、ひとつのきっかけを頼りに迷い込んでしまった。道楽ここにきわまれりというべきか」

のちに日本で最大の航空機メーカーとなった中島飛行機の技師長で、九一式、九七式、一式「隼（はやぶさ）」、二式「鍾馗（しょうき）」、四式「疾風（はやて）」などの陸軍戦闘機だけでなく、重爆撃機「呑龍（どんりゅう）」から、アメリカの超大型爆撃機B29より大きい六発の重爆撃機「富嶽（ふがく）」など、おおくの飛行機を生みだした小山悌（やすし）は、飛行機の道に進んだ動機をそう語っていた。

杜の都として有名な宮城県仙台市の第二高等学校から、同じ仙台市内の東北帝国大学に小山が進んだのは、大正十一年（一九二二）のことだった。

当時、仙台二高の入試の競争率は十倍から十五倍というきびしさだったが、そのかわり大学入試はらくで、だいたい希望の学科に入ることができた。高校がいわば大学の予科のような役目をしていたのだが、そこで小山は工学部の機械科をえらんだ。

高等学校時代、よい先生と友人にめぐまれた小山は、大学でも同様な幸運のうちに過ごすことができた。

二高時代、外国語としては英語とドイツ語をやったが、大学ではフランス語をまなぶ機会にめぐまれた。それも大学の講義ではなく、同期の電気科の学生にフランス語の得意な学生がいて、その友人と親しくなって覚えたものだ。

英語とドイツ語はすでにかなりマスターしていたので上達ははやく、たちまちモーパッサンなどの小説を原書で読めるようになったが、これがのちに彼の専門となる航空の仕事に大いに役立つことになろうとは、もとより思いもしなかった。

大正15年に中島飛行機に入社
名機隼を生みだした小山悌。

小山が大学時代をすごした大正十一年（一九二二）から大正十四年にかけて、わが国の航空界にはいろいろなことがおこった。

まず、大正十一年には有名なワシントンの軍縮会議があった。そして、のちに小山がその半生をすごすことになる中島飛行機で、海軍の注文によるアブロ練習機と、ハインケル水上偵察機の製作がはじまっている。また、この年の十一月には、日本航空輸送研究所による大阪〜高松〜徳島間の航空路がひらかれて、日本最初の定期飛行がはじまった。

翌十二年には、朝日新聞社が主体となって東西定期航空会社が生まれ、週三回の東京～大阪間定期郵便飛行がはじめられた。三月に、航空母艦「鳳翔（ほうしょう）」の甲板に、吉良（きら）海軍大尉による初の着艦がおこなわれたことも、特筆すべきことである。

大正十三年には、陸軍航空本部が設立されたが、初代本部長となった井上幾太郎中将は航空のよき理解者で、初期のわが国の航空技術の進歩は、この人のかげの力に負うところがおおい。

大正十四年、小山悌が大学を卒業した年だが、海軍の一三式攻撃機が横須賀～北京（ペキン）の往復飛行に成功、朝日新聞社のブレゲー19型二機がローマ訪問飛行に成功するなど、飛行機の性能も操縦技術の方も、いちじるしい進歩をみせている。

小山は、恩師宮城音五郎先生のすすめもあり、卒業したのちも助手として大学にのこることになった。当時の月給は八十五円、大学をでたての初任給にしてはかなりよい方だった。

そのころ、東北大学理学部には愛知敬一（愛知元外務大臣の父）、石原純教授など、近代日本物理学史上に大きな足跡をのこした人たちが活躍していた。小山のいた工学部にも愛知教授が応用力学の講義にきたし、数学と物理の三枝（さえぐさ）教授の講義とともに、きわめて特色のある講義であった。

理学部だけでなく、数学科や電気科の教室にも自由にでいりして講義をきいたし、テニスの先輩や仲間にも、理学部や本多光太郎教授の金属材料研究所で研究している人たちがいたので、学問的見識をひろめることにつとめた。

またこのころ、相対性原理の発見者として、世界的に有名な物理学者アインシュタイン博士が来日、仙台にもしばらくとどまって理学部で講義をしたが、白髪のおだやかな風ぼうに接することができた小山は、助手として大学にのこった自分の幸運をしみじみとおもった。助手といっても、とくにきまった仕事をあたえられたわけではなく、また先生の方もしいてそれをもとめるふうもなかったので、自分の好きな勉強ができたし、得意なテニスを楽しむこともできた。学生時代とちがって、おもいのままに他学部の講義をきいたり、研究室との交流をもったことにより、小山の学問には幅と厚みがくわわり、彼の人間形成に貴重な期間であったといえよう。

そのまま大学で学究生活を続けていれば、将来は助教授、教授も夢ではなかったが、ひょんなことから小山は違った道に踏み込むことになってしまったのである。

小山の大学における助手生活は、わずか八ヵ月でおわった。この年の十二月一日、彼は東京中野にある陸軍電信隊に、一年志願兵として入隊することになったからだ。一年志願兵というのは、専門学校と大学の技術系の学業をおえた者のなかから、予備将校を養成するのが目的でつくられた制度で、飛行兵と工兵の一部にこれがあり、のちの幹部候補生制度に相当するものであった。

当時は世界的に軍備縮小の時代で、軍人も少佐ぐらいでたいていくびになった。そんな時代ではあったが、小山は徴兵検査で甲種合格だったので入隊しなければならなかった。ふつうなら、仙台の師団に入隊するのだが、彼は技術の特技を生かしたいと考えて、一年志願の道をえらんだ。

一年志願兵というのは一般の兵隊とちがい、二百四十円をおさめなければならない。大学ならいざ知らず、軍隊にはいるのに金をおさめるのも妙な話だが、いってみれば一ヵ月二十円の軍隊下宿みたいなものであった。したがって、外出したような場合は一食十銭ぐらいのわりでかえしてくれた。

小山が入隊した中野電信隊には、日本ではじめての無線中隊があり、学校出の兵隊ばかり二百人くらいで編成されていた。といっても、一般の兵隊とちがい、〝学士さま〟の兵隊さんということで、落語まがいの気楽なものであったらしい。

なにしろ、専門の無線電信のことになると教官より兵隊の方がよく知っているのだから、教官も教えようがない。兵隊のなかには、電信隊でつかっていた無電機のメーカーの技師もいた。そんなところから、学科はいつも自習ということになった。

小山が電信隊に入隊してしばらくした頃、休日の外出のおりにたずねた叔父に一人の人物を紹介された。

(ずいぶん頭の大きい、恰幅のいい人だな)

と小山が思ったその人は、中島飛行機製作所社長の中島知久平だった。

中島知久平社長は小山の顔を見るなり、

「どうだ、中島に来て飛行機をやらないか」といった。

なぜかそのひと言には逆らいがたいものがあり、すぐに応諾の決心をしてしまった。気のはやい小山は相談することもなく、恩師の宮城音五郎教授に辞表を郵送した。

もちろん宮城先生は激怒したが、すでに中島入社に傾いていた小山の心は変わらず、後に「兵隊から帰ったら、やってもらうことがあった」という言葉を聞かされ、はじめて恩師の心を知って「しまったとほぞをかんだが、後の祭りだった」（小山）のである。

一年現役を終えて除隊した小山は、その足ですぐに中島飛行機に行こうと思い、当時はまだ軽便鉄道だった東武鉄道に乗って群馬県の太田に向かった。大正天皇が亡くなって年号が昭和に変わる少し前の大正十五年十二月のことで、その日は午後から雪になった。

日本最大の航空機会社、中島飛行機の創業者中島知久平。

太田に着いたときはすでに夜の八時を過ぎていたが、駅に降り立つと膝下までの積雪とあって動くに動けず、この大雪とあって旅館もすでに大戸を下ろして泊めてもらえそうもなく、「えい、めんどう」とばかり、最終の汽車に飛び乗って東京に帰った。

つぎの日、朝早く東京を出発し、ぶじ中島に入社したが、今度はこんな会社に入ってよかったのかといささか不安になった。

かつて「飛ばない飛行機」と悪口をいわれ、「札（さつ）

はだぶつく、お米は上がる……上がらないぞい、中島飛行機」などと太田近在の住民から揶揄された時代はすでに卒業していたが、何といってもまだ航空の揺籃時代であり、先行きバラ色の夢などとても持てそうにないように思われたからだ。だがそんな小山の不安などまったくおかまいなく、会社は入社早々の彼にきわめて責任の重い仕事を与えた。

初の競争試作

隼戦闘機がアメリカやイギリスの第一線戦闘機と、はじめて対戦した太平洋戦争の初期からおよそ十五年ほど前、陸軍でつかっていた主力戦闘機は甲式四型とよばれた最高時速二百三十二キロの複葉機だった。

機関銃をプロペラの間から撃つことを考え、第一次大戦におけるフランスの勝利、ひいては連合軍を勝利にみちびいた傑作戦闘機ニューポールの伝統をくむ29C1型を国産化したものだが、原型の完成が一次大戦終了後とあっては、なんとも旧式の感はまぬがれなかった。

そこで、陸軍航空本部では、これにかわる高性能の新型戦闘機を開発するため、昭和二年のはじめ、陸軍の指定工場になっていた中島、三菱、川崎および石川島の四社にたいし、日本ではじめてのこころみである競争試作を行なわせ、そのなかから、優秀なものを制式機に採用することをきめた。

この競争試作による発注方式は、井上陸軍航空本部長の発想によるもので、海軍より四年もはやく実施されたわけだが、これまで外国のものを買ってきてライセンス生産する（製作権を買って国産化する）か、改造によって注文をもらってきた各飛行機メーカーにとってはたいへんなことになった。

フランスの傑作機ニューポールを国産化した甲式四型戦闘機。これに代わる戦闘機の採用が、初めて競争試作で行なわれた。

もしこの競争に勝てば一定期間の注文が確保されるが、負ければ軍からの仕事がもらえないことになるからである。とくに、中島飛行機のような個人経営の会社にとって軍からの注文がとだえることは致命的であった。いっぽう、軍が要求する性能がきわめてきびしいうえに、各社ともまだ自社の力だけで設計する自信はなかったので、外国から経験のある技師をむかえて、自社の設計陣を指導させる方式をとった。

中島は従来からニューポール社と接近していたこともあって、フランスのマリー、ロバンの両技師をまねき、大和田繁次郎、小山悌（やすし）を補佐としてつけた。

「戦闘機について、格闘戦の際の高等飛行の原理も知らないまったくの若造技師の私が助手になったので、マリーもさぞ驚いたことだろう」

と小山はいっているが、ひとつには彼が大学時代自発的に学んだフランス語の語学力が買われて、フランス人たちの通訳も兼ねさせようという会社側の意図もあったようだ。

中島がフランス人の二人を起用したのに対して、三菱はドイツのバウマン教授のもとで仲田信四郎技師を設計主務者、川崎はおなじくドイツのフォークト技師のもとに土井武夫技師を主務者とする、それぞれ混成チームによって設計を開始した。

三菱の試作戦闘機は、「隼」二型と名づけられた高翼パラソル型で液冷エンジンであったが、この設計チームには、のちの海軍の九六艦戦や零戦の設計主務者となった堀越二郎技師も、入社間もない新人として参加していた。

川崎も液冷エンジンで、いかにもドイツ流のいかつい機体だったのにたいし、名機ニューポール29C1を生んだマリー技師の指導による中島の試作機は、空冷星型四百五十馬力エンジン付きの、きわめてスマートな機体であった。

中島では、この試作戦闘機をNCとよび、エンジンはのちの「寿」の原型となったブリストル「ジュピター」の国産型を装備していた。胴体は全金属モノコック、主翼は桁にフランスから輸入したニッケル・クローム・モリブデン鋼を使用するなど、これまでの木製機にくらべて近代的センスのあふれた構造だった。

マリー技師は、彼のもっている金属製飛行機設計技術のすべてを、彼の面子にかけてこの試作戦闘機にそそぎこみ、設計図は、ほとんど自分でひいた。

小山はその図面を日本語に訳したり、試作の手配や工場との連絡などをしてマリーをたすけた。この仕事をしているうちに、彼はフランス式の飛行機設計法や近代的な金属製飛行機の構造など、おおくのことを学びとることができた。

マリーはフランスの伝統をうけついでＮＣを邀撃戦闘機として設計した。これは格闘性より火力、上昇力、速度などに重きをおく重戦――重戦闘機的な性格をもつものだった。

基本型は高翼単葉支柱式のいわゆるパラソル型で、主翼支柱と脚の支持法に特色があった。すなわち、後部支柱は胴体にとりつけられていたが、前部支柱は水平な脚支柱までのびた、きわめて長いものであった。これは第一次大戦での戦訓から、空中における火災をもっともおそれたマリーの設計思想によるものである。

飛行機は機体がやられるか、パイロット自身がやられるか、あるいはその両方が原因で墜落する。機体がやられても、パイロットが無事なら、脱出も可能だが、いったん火災がおこれば、ほとんど脱出は不可能であったから、第一次大戦ではおおくのパイロットたちが燃える愛機とともに悲惨な最期をとげた。

当時の戦闘機は、燃料タンクを胴体の前部、つまり操縦席の前においているものがおおかったのでいったん火をふくと、すぐに操縦席に火がまわるおそれがあった。

これを防ぐため、緊急時には胴体内燃料タンクを落下できるように、タンクのある下面には、脚支柱などの構造物をとりつけないよう、構造上の配慮を必要とした。のちに、これがＮＣの制式化をおくらせた重大な原因となったのである。

胴体は、当時としてはもっとも新しいジュラルミン製のモノコック構造だったが、小山にとってもっとも興味ぶかかったのは、主翼の桁の構造だった。当時は、のちの零戦に使われたような押出型材（おしだしかたざい）からけずりだすといった芸当はできなかったので、薄肉鋼板を組みあわせる、いわゆるビルトアップ式とよばれる方法で、材料は当時としては、まだめずらしかったニッケル・クローム・モリブデン鋼をつかった。

構造は、上下に半円形の薄板をかさね、荷重がすくなくなる翼端に行くにつれて板の枚数をへらしてあった。この上下縁材のあいだは、打抜板（うちぬきいた）をリベットしてつないである。上下の縁材につかわれた鋼板の厚みは一ミリで、もっとも力のかかる主翼の中央部分付近は四枚ぐらい重ねてあった。

中島の「NC試作戦闘機」は、約一年かけて昭和三年五月に第一号機が、そして六月には第二号機が完成した。ライバル各社もまた意欲充分だったので、その月にはいっせいに試作機が完成して陸軍の審査を受けることになった。

当時の新型機開発プロセスは、まず陸軍から計画要求が出されると、それに対して飛行機メーカー側が設計書をつくって提出し、審査にパスしたメーカーだけに試作の権利が与えられる方法をとっていた。この戦闘機競争試作も、はじめは中島、三菱、川崎、石川島の四社が参加したが、石川島は図面審査でおちたので、実機をつくったのは前記のうち三社だけとなった。

試作機は強度試験機（〇（ぜろ）号機）と飛行試験用（一号機以降）の二種類つくり、強度試験に合格したものだけが飛行テストをうけられるが、川崎機は自社内の荷重試験で規定の荷重に達する前に主翼が折れてしまったので、残るは中島と三菱の二社だけになってしまった。

強度試験は、実際の飛行時にかかる荷重の十三倍までこわれなければよいことになっていたが、中島では試作がおわって社内荷重試験を行なったとき、十三倍ギリギリではあぶないと考えて、十六倍まで荷重をかけた。

主翼の荷重テストは、一定の重さの砂袋を一様に表面にのせ、少しずつこれをふやしていく。ところが、マリーの設計は主翼鋼鉄桁の強度がたかかったため、十六倍の荷重をかけてもこわれず、翼端がしなって錘（おもり）がすべりおちて、それ以上荷重をかけることができなかったという。

もっとも、それから十二年後に試作機ができた隼や零戦の時代になると設計もシビアになり、規定の荷重以下で壊れてならないのは当然だが、それをわずかに超えたとたんに壊れるのが上手な設計と考えられるように変わった。だから考えようによっては、規定に達する前に壊れた川崎の方が、設計思想的には進んでいたといえるかも知れない。

空中分解

荷重テストに合格した中島機と三菱機は、昭和三年六月、陸軍の所沢飛行場にもちこまれた。空冷星型エンジンでどちらかといえば丸味がかった中島機と、液冷エンジンで直線的な形状の三菱機とは、きわめて対照的であった。

六月十三日、飛行テストはまず三菱機からはじめられた。

中尾純利操縦士の操縦で空にあがった三菱「隼」が時速約四百キロで急降下テストにはいったときであった。中層に雲があり、速度を増した「隼」が雲中に突っこみ、ふたたび姿をあらわしたとき、地上の人びとはハッと息をのんだ。

「胴体だけが落ちてくる、空中分解だ!」

ややおくれてヒラヒラと舞いおりてくる主翼があらわれた。どうなることかと見まもるうち、ちょうど落下する胴体と主翼の中間あたりの空に白いものが開き、ゆっくりと降下をはじめた。実はこれが日本ではじめて敢行されたパラシュートによる脱出だったのだ。テスト・パイロットの中尾操縦士は、はからずも日本におけるパラシュート脱出第一号となったわけだが、彼はこのテスト飛行の前夜、パラシュートの操作を教わったばかりだったという。

この結果、三菱機も圏外に去り、中島のNC試作機が一応合格ということになった。所沢から立川にうつされたNC試作機は、血気さかんな陸軍のパイロットたちによってあらゆる過酷なテストをうけた。パイロットたちは、設計者がやって欲しくないと考えている飛行も平気でやった。水平錐揉(きりも)みなどはやりにくいような設計になっているのに、パイロットたちは強引にやってしまう。これをかなりの高度で行ない、地上ちかくで機をたてなおすというような曲芸じみたことをよくやったが、あるとき、とうとう水平錐揉みから脱出することができず、そのまま地上におりてしまったパイロットがいた。

昭和２年の競争試作で三菱が作りあげた「隼」二型試作戦闘機。高翼パラソル型で液冷エンジンを搭載していたが、テスト中に空中分解を起こした。

水平錐揉みは、竹とんぼのようなもので、降下速度がおそいためこのような軟着陸も可能だったらしいが、このパイロットは、その後しばらく頭がおかしくなったという。

舵は利きがよく、ちょっとした手足の動きにたいしても、鋭敏に機体が反応したらしい。このため、操縦桿は卵をもつように、やわらかくもつのがよいとされていた。

マリーの設計方針は迎撃戦闘機的な性格をもたせることにあったが、空力（空気力学的）性能がよかったので格闘性も抜群だった。のちに制式として「九一式戦闘機」になってからも逆宙返りをはじめ、やれないスタント（曲技飛行）はないといわれ、その操縦性のよさは驚異の的となったほどである。

数あるＮＣ試作機の特色の中でも、とくにターミナル・ダイブ（抵抗と重量がつりあった状態の急降下）ができた点は、当時としては異例なことであり、この機体の丈夫さを物語るものだろう。

ところが、この頑丈な試作戦闘機にも、おもわぬ事故が発生した。

立川で充分なテストをへて飛行審査をおわったので、翌昭和四年の夏、明野でテスト飛行、ということになった。

ここには、戦闘機の学校などもあって、腕利きのパイロットがそろっており、陸軍戦闘機のメッカであった。若く、そして野心にあふれた明野の戦闘機パイロットたちは、はじめて見るスマートなパラソル型の試作戦闘機に対して、絶大な興味をおぼえたにちがいない。

テストは、八月十四日から二日間行なわれた。四百五十馬力の中島「ジュピター」エンジンの快調な爆音をあとに、テスト・パイロット原田潔(きよし)中尉の操縦する機は、かるく大空に舞いあがった。

「うん、これはいける」

原田中尉は、操縦桿につたわってくる微妙な舵の手ごたえを感じながらそうおもった。しだいに高度をとり、はるかに鈴鹿の山なみを見おろすあたりから特殊飛行のテストを開始した。まず、垂直旋回からゆっくりした横転にはいり、ついで急上昇、上昇反転、宙返りなど、垂直降下をのぞくあらゆる高等飛行をやってのけた。

テストをおわって地上におりたった原田中尉は、上機嫌だった。

「舵がかるい。スピードはあるし、上昇力もよいし、操縦性もなかなかよろしい」

だから翌日に事故に遭遇しようなどとは、夢にも思わなかった。

あくる日、ひろい飛行場には真夏の太陽が照りつけ、晴れわたった空のかなたには積乱雲がひろがっていた。前日のテストで、この飛行機にかなりなじんだ原田中尉は、今日の飛行で昨日やらなかった垂直降下をやることになっていた。甲式四型にグンと差をつけるような力づよい離陸ぶりを見せたパラソル型単葉のＮＣ機は、たちまち夏空たかく駆けあがって行った。

前支柱は脚組に連結
後支柱
脚柱のフェアリング
支柱の断面
ＮＣ機の空中分解の結果、前支柱も後支柱と同じく胴体に結合するようになった

NC試作機の主要支柱方式

やがて高度二千五百メートル。慎重に各舵のうごきやメーター類を点検してからバンクをふって地上に合図、キラリと翼が光ったと見るや、猛然と垂直降下を開始した。高度千五百メートルあたりまで降下してきたとき、突然、パッと主翼が飛ぶのが地上から見え、ＮＣ機は胴体だけになって落下しはじめた。

「しまった！」

機上の原田中尉は力をふりしぼって操縦席（コックピット）からはいだそうとするが、つよい風圧のために吸いこまれて脱出できない。

翼をもぎとられた胴体は、グングン落下する。苦闘のすえ、やっと操縦席から体をのりだすことに成功した原田中尉は、ややななめにおもいきり胴体をけって飛びだした。

とたんに、機の垂直安定板が中尉の体をかすめた。ほんの一センチか二センチの差で、中尉は垂直安定板との衝突をまぬがれた。幸運が、中尉を無事パラシュート降下させることを可能にしたのである。

NC、空中分解により墜落！　東京でこの電報をうけとった小山は、愕然（がくぜん）とした。明野に急行して、原田中尉や関係者の談話を総合してみると、どうも支柱に原因があるように思われた。

空中分解といっても、バラバラに壊れてしまったわけではなく、主翼がそのままの形でパッとふっとんで、フワフワ空中をただよいながら、胴体よりだいぶおくれて落ちてきたという。したがって、支柱が、なにかの原因で壊れたとしか考えられない。

この機体の構造は、いざというときに胴体内燃料タンクを下におとせること、および脚の構造をらくにすることなどの目的で、主翼支柱の前後がくいちがっている（前頁図参照）。脚は胴体内タンクより前の位置にあり、車輪の軸は整形された水平支柱の先端にとりつけてある。主翼の後支柱は翼端にいたる中間点あたりから直接胴体に結合されているが、前支柱は脚の水平支柱までのびているので、後支柱よりかなり長くなっている。

「この前支柱があやしい」と、小山はそうおもった。急降下のときに主翼がかかる荷重が大きくなり、同時に前支柱が急激な振動（フラッター）をおこしていたのではないか。

支柱の断面は図のような形で強度的には充分だから、挫屈（ざくつ）（柱を上から押しつぶすような力をかけたときにへし折れること）は考えられず、剛性不足からフラッターをおこしたものだろう。

小山は帰ってからマリー博士に事故の詳細をはなし、主翼支柱その他の構造を強化すべきではないか、と提案した。だが、マリーはおそろしく不機嫌な顔で「ノン」と首をふった。剛性不足ではなくパイロットの操縦ミスで壊れたのだ、自分の設計に誤りはない、という。

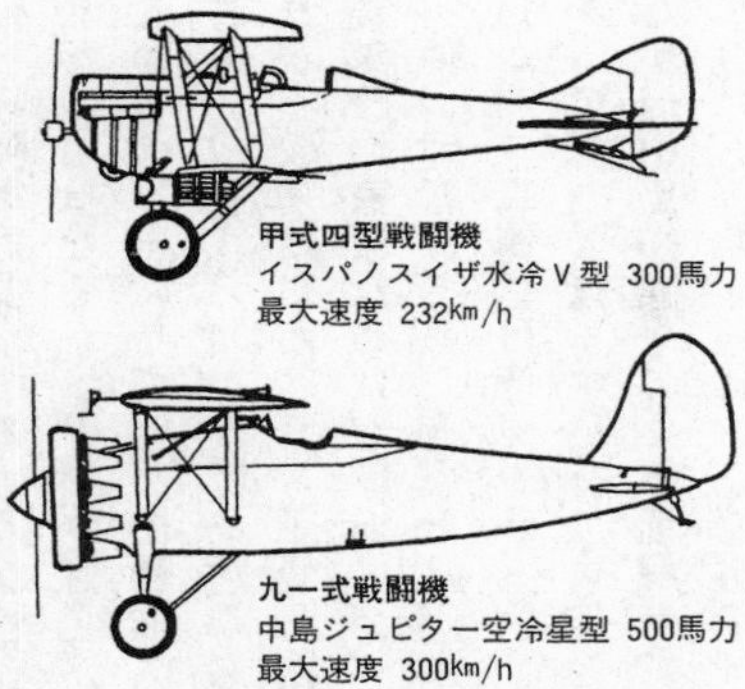

強硬なマリー技師の言葉に小山は当惑した。彼もまた、自分の説の方が正しいと信じていたが、一応ひきさがった。この気難しい、自信にあふれた高名な設計者が、いったんいいだしたら絶対あとにひかないことを、よく知っていたからだ。

このおもいがけないNC試作機の事故は、周囲の状況をきわめて難しいものにした。

まず攻撃の狼煙（のろし）をあげたのは、審査中の空中分解で競争からおろされた三菱だった。自分の方が事故で失格したのなら、中島だって空中分解したのだから当然失格だ、といいだした。また、陸軍パイロットのなかにも、中島派もいれば三菱派もおり、陸軍内部でも意見が二つにわかれた。

甲式四型戦闘機
イスパノスイザ水冷Ｖ型 300馬力
最大速度 232km/h

九一式戦闘機
中島ジュピター空冷星型 500馬力
最大速度 300km/h

甲式四型（複葉）から九一式（単葉）へ

このようなムードのなかで、事故直後にひらかれた航空本部と中島の関係者との連絡会議では、「陸軍の要求するような性能のものを、いまの日本の技術で製造させようとするのはムリなのではないか」という意見が、軍側からだされた。

このとき、出席していた中島知久平がたちあがり、「中島の力で、要求どおりのものをかならず完成してお目にかけますから、ぜひ試作をこのままつづけさせていただきたい。もしこれが不成功におわったら工場を閉鎖します」と、覚悟のほどを述べた。

後年政治家になっただけあって、その発言には迫力があった。

一瞬、列席していた人びとは、中島所長の気迫におされたように口をつぐみ、その顔を見つめたが、軍側では意見をかえようとしないままに会議はおわった。

そして、このまま中島機も失格となり、歴史的な第一回競争試作は不成功におわるかにみえたが、中島知久平のよき理解者であった井上航空本部長は、周囲の非難や動揺をおさえ、「事故は審査修了後におきたものである。事故調査と対策を充分におこない、既定方針どおり試作を継続させることはさしつかえない」と裁定をくだした。

しかし、中島NC機のもたつきを見てとった三菱は、着々とべつの手をうっていた。

昭和四年(一九二九)、三菱はアメリカのカーチス航空機会社とライセンス契約をむすび、アメリカ陸軍の制式戦闘機として評判のたかかった、複葉のカーチスP6ホーク戦闘機を購入する手はずをきめた。

このため、三菱では荘田泰蔵技師をカーチス社に派遣し、のちにヨーロッパ出張中の堀越二郎技師も加わって、設計や製造技術の習得にあたらせていた。

さて、公式の会議の席上で、社運にかかわるような約束を陸軍にしてしまった中島所長は、あくる日、計画部長をしていた弟の乙未平（きみへい）に命じ、イギリスに行って優秀な戦闘機のライセンスを買いとると同時に、その設計者をつれてこさせることにした。いっぽう大和田、小山両技師にたいしてはNC機を改造して、ものにするよう命令した。

多くの改良をへて陸軍の制式となった中島の九一式戦闘機。
機体の前に立つ人物は、のちの飛行実験隊長今川一策大尉。

九月はじめ、シベリア経由でイギリスに行った中島乙未平は、ブリストル・ブルドッグ戦闘機のライセンスを買いとり、その主任設計者であるフリーズ技師との契約に成功した。

しかし、そのままでは日本でつかえないので、日本の規格にあうよう設計をやりなおし、また製作に必要な資材を、とくにクローム・モリブデン鋼板などを購入し、乙未平がフリーズと助手のダンをともなって帰国したのは、翌年（昭和五年）三月であった。

だが、このころには、すでにNC試作機は必要な改良をおわり、そのすぐれた性能がようやく陸軍にみとめられ、制式採用、量産化は、時間の問題となっていた。小山はあとを大和田技師にまかせ、荻窪工場にうつってフリーズ、ダン両技師をむかえた。

ちょうどこの年、三菱の荘田、堀越両技師がアメリカからもちかえったカーチスP6ホーク戦闘機も、フィリピン駐在の優秀なアメリカ陸軍パイロットをまねいて、各務原(かがみがはら)で公開飛行を行なっている。

目的は、会社のテスト・パイロットの訓練飛行ということだったが、陸軍航空関係者をあつめて、アメリカ式の派手なアクロバット飛行を披露するなど宣伝もおこたりなく、あわよくばながびいている中島NC機にとってかわって制式の座を、という狙いがうかがわれた。

中島試作機、ついに勝つ

小山は、フリーズ、ダン両技師をたすけてブルドッグ戦闘機の試作に着手したが、彼自身もカーチス・ホークといい、このブリストル・ブルドックといい、いずれも米英を代表するこれらの戦闘機に、つよい関心をもっていた。

——これらの外国機にくらべて、NC機は、果たしてどうだろう？　もし、彼らの戦闘機よりすぐれていることが判明すれば、日本は世界の戦闘機のトップ・レベルにたっしたことになるのだが……。

昭和四年から六年にかけて、五機のNC増加試作機がつくられた。空中分解事故の主因と

中島が英国ブリストル社とライセンス契約を結び、昭和５年に完成させた中島ブルドッグ。後列右２人目が小山悌技師。

みられた主翼支柱は補強されて剛性をたかめ、機体の強度も全般にひきあげられた。また五号機からは、問題の主翼支柱が前後おなじ長さの胴体直結にあらためられ、これにともなって脚の支持方式もかわった。

さらに、主翼の翼断面も急降下時の捩(ねじ)りモーメントを小さくするよう、シリーズのなかばからM-6を改良したものにかえた。これは下面が平らなクラークY型などとちがって後縁部がやや上方にそっていて、ゼロ・リフト（揚力がゼロとなる）時のモーメントがきわめて小さく、はげしい運動を要求される戦闘機にはうってつけだったので、のちに日本の航空界で流行した。

陸軍のテスト・パイロットは加藤敏雄少佐で、彼は「自分はこういう戦闘機がほしいのだ」という明確なビジョンをもっていた。それは、あらゆる操縦性にすぐれ、自分の意のままに動く戦闘機――いわば操縦性は甲式三型戦闘機のごとく、安定性は甲式四型のように、というものであった。

だから、その両方の条件をみたしたうえに逆宙返りまでやれるNC機は、加藤少佐ばかりでなく、全陸軍の戦闘機パイロットを魅了するに充分であった。

このような情況から、小山はブリストル・ブルドッグの性能にはたいして期待をもたなかったが、イギリス流の設計法や金属製飛行機の構造などについては、熱心にフリーズから吸収した。

もう一人のダンはエンジニアではなく製図工だったが、フリーズがつれてきただけあって、きわめて優秀な男だった。小山は、彼の書いた図面を翻訳して試作工場にまわす役目をひきうけた。

この機体は「中島ブルドッグ」とよばれて二機だけつくられたが、すでに小山たちが手がけたNC改造機の高性能がわかっているうえに、外観的にも高翼単葉のスマートなNC機の方が見ばえがするので、陸軍の審査をうけるのはやめてしまった。

いっぽう、もうひとつのライバルであった三菱のカーチスP6ホークも、パイロットのミスで今度は不時着大破してしまったので、もはやNC試作機の独走をはばむものはなくなってしまった。

しかも、この年の九月十八日には、満州で戦争が勃発して、拡大する様相をしめし、甲式四型にかわる新鋭戦闘機の急速な出現がのぞまれていた。

十二月末、NC改良機の長かった試作機時代はおわりをつげ、ついに「九一式戦闘機」として制式採用が決定し、中島飛行機には明るい歓声があがった。

この知らせを小山は当然のこととしてうけとめたが、入社以来六年で、たとえ基本はフランス人技師の手によるものとはいえ、あとはほとんど自分たちの手で、設計をやりなおしてつくりあげたよろこびと自信を、ひそかにかみしめていた。

三菱が米国から輸入したカーチスＰ６ホーク戦闘機。当時、日本の航空機メーカーは海外技術に学ぶところが多かった。

九一式戦闘機（九一戦）が陸軍に制式採用されたのにつづいて、昭和七年四月には中島の設計による「九〇式艦上戦闘機」（九〇艦戦）が海軍に採用され、中島飛行機は一挙に、日本陸海軍の主力戦闘機の製造を独占することになった。

九〇艦戦は、それまで三式艦戦として使用していたアメリカのボーイングＦ２Ｂに、Ｆ４Ｂ艦上戦闘機の特徴をくわえて性能を向上した社内呼称ＮＹから発達したもので、主翼型式は一葉半式、構造は木金混製羽布張りで、九一戦より一歩後退した構造だった。

九〇艦戦でわすれられないエピソードは、陸海軍戦闘機隊によって行なわれた対抗演習であろう。これは海軍の名パイロット岡村基春大佐が、横須賀航空隊の戦闘機分隊長時代に、陸軍の明野飛行学校とはなしあって、第一回を行なったもので、第二回は源田実大尉

（のち大佐。戦後、参議院議員）が戦闘機分隊長のときに行なわれた（海軍の分隊は、陸軍の中隊にあたる）。

対抗演習は追浜と明野の両方で実施されたが、陸海軍ともそれぞれ面目をかけて一流パイロットを選手に出したから、演習ながらその迫力ある妙技は、地上で見ている者が、おもわずにぎりしめた手に、汗がじっとりとにじみ出るほどすばらしいものであった。といっても陸軍は九一戦、海軍は九〇艦戦といずれも中島製の戦闘機同士によって戦われたのである。軍人ばかりでなく設計者たちもたちあって、自分たちが設計した戦闘機によってくりひろげられる最高の演技に見とれた。

九一式戦闘機が陸軍の制式となって好評のうちに量産にはいった年――昭和七年度から、海軍は三ヵ年計画で、設計製造をふくむすべてが日本人の手による、純国産化計画を実行することになった。

その一番手として海軍は、九〇艦戦にかわる新しい艦上戦闘機の試作を、中島と三菱に指示した。

三菱は外国の新知識を吸収して帰国した若い堀越技師を設計主務者に起用して、低翼単葉の近代的な機体をつくった。三菱としては、当時これといったヒットがなかったので、この七試艦戦にかける意欲は相当なものであった。

これにたいし、中島側は陸軍の九一戦、海軍の九〇艦戦と陸海の主力戦闘機を一手にひきうけていた余裕と、すでに新しい低翼単葉機の自社開発研究に着手していたこともあり、こ

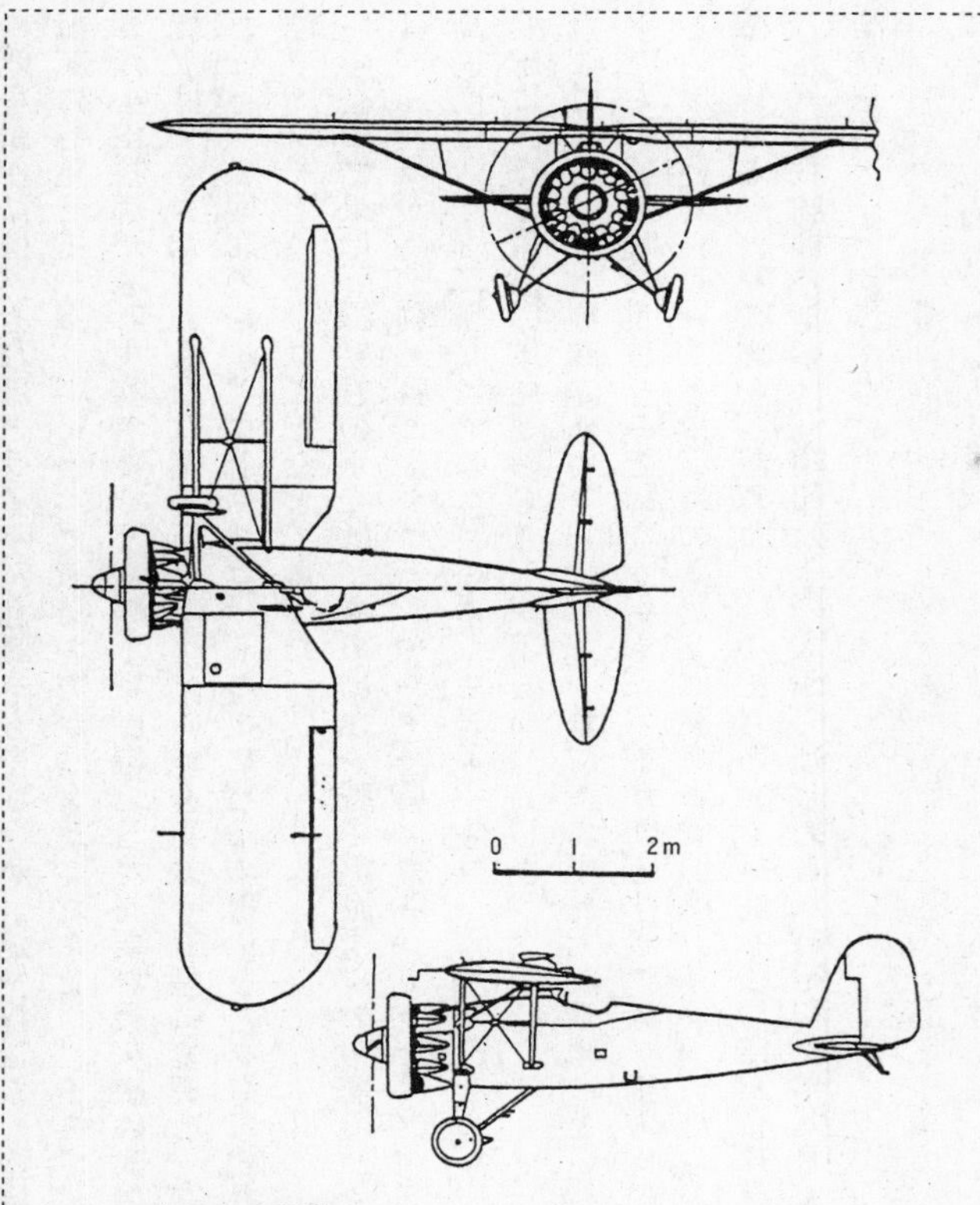

九一式戦闘機

乗員：1　発動機：中島「ジュピター」7型450馬力（高度3000m）
プロペラ：木製固定ピッチ2翼、直径2.80m　全幅：11.00m
全長：7.27m　全高：2.79m（水平）　主翼面積：20m²　自重：1075kg　全備重量：1530kg　翼面荷重：76.50kg/m²　馬力荷重：3.40kg/馬力　最高時速：300km　上昇力：3000mまで4分　実用上昇限度：9000m　航続時間：2時間　武装：7.7mm×2

の競争試作には、それほどライバル意識をもやさなかった。むしろ、陸軍で好評な九一式を海軍にも見せてやろう、といった気持の方がつよかったらしい。そこで、九一戦を手がけてきた小山技師が設計主務者となり、艦上戦闘機として必要な最少限の改造をおこなって、一機だけつくった。おもな改造箇所は、エンジンを「寿」五型に変更し、プロペラを三翼にしたこと、操縦席のレイアウトやスロットル・レバーの操作などを海軍式に改造したこと、着艦フックをとりつけたことなどであった。

審査の結果は、操縦性の点では、すでに九一戦で実証ずみの中島機がまさり、スピードでは、三菱機が時速約三百二十キロと、やや中島機にまさっていた。だが、海軍側の要求は最高速度百八十～二百ノット（三百三十五～三百七十キロ）であったから、中島、三菱両機とも要求にはほど遠く、結局どちらも不採用となってしまった。

ここでちょっと興味ぶかいことは、九一戦改造の中島七試艦戦にたいし、海軍のパイロットたちが操縦性の良さをみとめながらも、「舵がかるすぎて縦・横方向にすわりがわるい」といっていたらしいことで、このあたりに陸海軍戦闘機パイロットたちの操縦感覚の相違が感じられる。海軍の方が、陸軍より、いくらかおもい舵をこのんだようだ。

九一式戦闘機の量産は、昭和六年の末からはじめられ、昭和九年九月までに、一型、二型合計三百五十機がつくられた。

第二章　近代的戦闘機への模索

低翼単葉に挑む

昭和七年（一九三二）といえば、日本にとっては内外とも多事多難の年であった。すなわち、前年の九月十八日に満州事変がおこり、さらにこの年のはじめには中国本土にとび火して、上海事変が勃発した。そして、三月には日本のあと押しによる、というよりは関東軍の策謀による満州国が誕生、全世界のはげしい非難をあびて国際社会から孤立する道をあゆむことになった。

国内的には、二月に浜口、若槻内閣の蔵相だった井上準之助が、三月には三井財閥の指導者だった団琢磨（だんたくま）が血盟団によって暗殺されるなど、血気にはやる若者たちによるテロがあいついだ。二ヵ月後には五・一五事件で、犬養首相が殺された。犬養首相は、海軍士官四人と陸軍の士官候補生五人による一団の襲撃をうけ、「話せばわかる」の名文句で、対談しようとしたところを、「問答無用！」の一声で射殺されたのだった。このほか、彼らの同志たちの手で各所で襲撃が行なわれたが、彼らの心情はともかく、目的は明らかにクーデターであった。

世情はこのように騒然としていたが、小山悌技師のいる中島の設計室は、制式採用になるかならないか、といったせっぱつまった仕事もなく、比較的ゆったりと、基礎研究にうちこむことができた。

甲式四型で複葉機を完全にマスターし、九一戦で高翼単葉の設計を完成し、さらに海軍九〇艦戦では一葉半を経験するなど、さまざまな形式をひととおりやってしまった中島の設計室では、つぎに出現してくるものは低翼単葉以外にないから、これに研究を集中しようということになった。

そこで、自発的な研究機として、PA、PB、PCと三種の低翼単葉機をつくることになったが、はじめてのことなので、どうやったらよいのか糸口がつかめない。

複葉には絶対に自信があったし、複葉から下翼をとりのぞいたパラソル型（九一戦）は、マリー技師の指導によって比較的はやくものにできた。そこで順序としては複葉から上翼をとりのぞいた低翼単葉ということだが、今度は教えをこうことのできる外人技師もなく、小山自身が部下を指導してやらなければならなかった。

この年、アメリカでは、ボーイングが低翼単葉戦闘機の試作に成功していた。この戦闘機は、のちに陸軍で制式に採用されてP26となったもので、完全な片持式ではなかったが、主翼を張線で吊った低翼単葉機であった。当時のわが九一戦や、つづいて制式機となった川崎の複葉九二戦などが、いずれも最高速度三百キロ時だったのにくらべ、三百七十キロの高速を誇っていた。

小山は、低翼単葉機研究のサンプルとして、なんとかこのP26を手にいれたいと考えた。ボーイングでは試作機を三機つくったことがわかっていたので、三井物産を通じて一機買いたいと交渉してもらった。だが、答えは「ノー」だった。ボーイングは誇りたかい会社であった。彼らは商売よりも、この戦闘機を日本に売ることがアメリカの利益にならない、と考えたのであろう。

また、この年の二月、中国大陸上空で初の空中戦が行なわれ、わが六機の空襲部隊にたいし、勇敢にも単機で攻撃をかけてきたロバート・ショートの操縦するボーイングP12が撃墜されるという出来事がおこった。しかも、これを撃墜したのは、中島製の海軍三式艦上戦闘機であった。彼らがP26を中島に売ろうとしなかった気持が、わかるような気がする。

小山はPA研究機のアウトラインを考えてみた。できることなら、完全片持式の低翼単葉をやってみたかったが、それにはまだ未知の部分がおおすぎた。

当時の技術でほかに何の支えもない片持式翼をやろうとすると、充分な強度を得るためには翼がひどく厚くなり、空気抵抗がふえるうえに構造的にも重くなってマイナス面が多いと考えられた。そこでここはひとまず一歩後退して、ボーイングP26のように上下をスチール・ワイヤで張って翼の強度を分担させることが、薄翼の低翼単葉機をつくるベストの方法であると小山は判断した。そしてさらに考えを煮つめてゆくうちに、機体の構造について画期的な方法を創出した。

飛行機設計者にとって、胴体と主翼付根部分の空気の干渉を小さくすることは、空気抵抗を減らすうえの重要な課題であった。のちに第二次大戦で活躍したユンカースJu87や、チャンス・ヴォートF4Uコルセアなどが、構造的に面倒な逆ガル・タイプ（前面から見たかもめの飛翔する姿を逆さにした形）の主翼にしたのも、この空気干渉を小さくするための一つの手段だったのである。

ふつうの飛行機では、胴体と主翼取付部の間にできるV型の部分に、あとから整流おおいをつけて、空気干渉による抵抗を少なくするようにしてある。これをフィレットとよんでいるが、小山はフィレットをあとからつけたすのではなく、基準翼と胴体を一体化することによって、あらかじめフィレットをつくりつけにする方法をこころみた。この方法は、つぎの九七戦をはじめ、のちの日本の単葉機にひろくつかわれることになったものである。

脚のおおいは、たんに車輪だけをカバーするものではなく、翼下面から車輪までをすっぽりおおうズボン型の、いわゆる完全スパッツ型にした。

胴体は、すでに九一戦で完全にマスターした全ジュラルミン製モノコック構造とし、主翼も九一戦、ブルドッグなどで経験した、スチール薄板のビルトアップ構造による桁と木製リブの組みあわせとした。主翼をささえる張線は、外翼中央部にむかって上面が三本、下面を四本とし、張線取付部はべつに補強されていた。

昭和九年（一九三四）は、躍進いちじるしい中島飛行機製作所にとって、さらに記念すべき年となった。すでに政界入りをしていた中島知久平は、この年の三月に政友会の顧問となった。

　また工場のほうも陸軍の九一式戦闘機、海軍の九〇式艦上戦闘機と、陸海軍の制式戦闘機を一手にひきうけることになって多忙をきわめ、ようやく中島飛行機の強固な基礎がかたまった感があった。

　かねて、天皇が中島の工場を視察したい、といっておられるのをきいた知久平は、新工場の建設を進めていたが、昭和九年十一月一日、太田町の東のはずれに広大な新工場が完成し、本社と機体工場の大部分がここにうつった。この新工場は太田工場とよばれた。

　ちょうどこのころ、群馬県をふくむ関東北部一帯で陸軍特別大演習が行なわれたが、このあと、天皇の地方巡幸があり、新設の中島飛行機太田工場にもたちよられた。中島喜代一社長以下全社員が天皇をお迎えしたが、創設者として、また人一倍愛国心のつよかった中島知久平の感激は、ひとしおであったが、このとき小山もズラリとならんだ製作中の九一式戦闘機のまえで、設計責任者として陸下に御説明する光栄にあずかった。

　この年、陸軍は中島および川崎の両社にたいし、ふたたび新戦闘機の競争試作を命じた。中島は九一戦、川崎は九二戦と、ともに陸軍制式戦闘機を生産していたが、両社とも、次期戦闘機のための研究にぬかりはなかった。

　川崎は、それまで陸軍の要求によって、陸軍では最初の低翼単葉戦闘機として「キ5」の試作をしていた。

　ドイツのフォークト技師の指導で、新進気鋭の土井武夫技師が主務者となって設計をすすめたが、逆ガル・タイプの低翼単葉モノコック構造は未知の点がおおく、野心的な設計であったが運動性や安定性に問題があって、ついに不採用となってしまった。

エンジンは、ドイツのBMWを国産化した水冷V型十二気筒の「ハ九」だったが、エンジンの振動問題やラジエーターのトラブルなども、この試作機の足をひっぱった。さきに制式になった八八式偵察機や九二式戦闘機もそうだったが、川崎は伝統的に水冷式エンジンを採用していて、のちの三式戦闘機「飛燕」に使われたダイムラーベンツを国産化した「ハ一四〇」にいたるまで、つねにエンジンになやまされつづけたようだ。

この点はアメリカも同様で、たとえば第二次大戦中、唯一の国産水冷エンジンであるGM（ゼネラルモーターズ）のアリソンを積んだベルP39エアラコブラはパッとせず、P51ムスタングにしても、エンジンをイギリスのロールス・ロイス「マーリン」に積みかえてから芽をふいたものだ。

低翼単葉でてこずった川崎は、競争試作では、ふたたび確実性のたかい複葉とした。当時、川崎は九二式戦闘機のあと、制式に採用されたものがなかったので工場が空くおそれがあり、この競争試作にはどうしても勝ちたかったから、背水の態勢でのぞんだ。

これにたいし、中島のほうは余裕があった。すでに、自発的に開発をはじめていた低翼単葉のPAをふりむければよかった。九一戦で、設計者としての自信をふかめ、さらにフリーズ技師らと中島ブルドッグをも手がけた小山は、これからの戦闘機はどうなるかについて、独自の見識をもっていた。彼は今回の競争試作の結果よりも、むしろ将来の陸軍戦闘機の基礎型として、どうしても低翼単葉のPAを完成させたいと考えたのである。この見地から、彼はPA系の低翼単葉機研究の全般を指導することにし、陸軍試作機のほうは、井上真六技師を主務者として設計をすすめることになった。

いっぽう、情報によると、ソ連で開発中の低翼単葉の「イ16型戦闘機」は、時速四百キロをこえる快速戦闘機だという。いよいよ低翼単葉戦闘機時代の到来をおもわせるものがあった。

陸軍では、昭和八年から試作機に〝キ〟番号をあたえることをきめ、三菱の九三式重爆撃機から適用した。「キ」は単純に機体の発音の頭を取ったものだが、同時にエンジンも発動機の頭を取って「ハ」のいくつとよぶようになった。

海軍は機体もエンジンも昭和の年号の下に「試」をつけて一二試とか一三試とかよんでいたが、のちにエンジンだけは陸海軍とも「ハ」に統一された。ただし、海軍は「ハ」の呼称とは別に「金星」「火星」「栄」「誉」など、愛称をつけていた。

なお、それまでに与えられたキ番号には、つぎのような機体があった。

キ1　九三式重爆撃機　（三菱）
キ2　九三式双発軽爆撃機　（三菱）
キ3　九三式単発軽爆撃機　（川崎）
キ4　九四式偵察機　（中島）

キ5　試作戦闘機　（川崎）
キ6　九五式二型練習機　（中島）
キ7　試作機上作業練習機　（三菱）
キ8　試作複座戦闘機　（中島）
キ9　九五式一型中間練習機　（立川）

このあとをうけて、川崎の試作戦闘機はキ10、中島のはキ11となった。

川崎のキ10は、これまでのフォークト技師とのコンビで全金属製機の設計をすっかりマスターして、この分野では第一人者といわれた土井武夫技師が設計主務者となり、堅実な方法にくわえて、なみなみならぬ意欲をそそいだ。とくに、空戦性能のなかでも格闘性をおもんずる陸軍パイロットたちの気にいるために、複葉型式をえらんだことは有利であった。

中島は、PAを基本とする方針をかえようとはしなかった。そして、速度と運動性という相反する要素を、どこまでたかめることができるかに設計と研究の努力が集中された。そのためには、低翼単葉で、そしてかるく、機体各部をできるだけリファインする以外にない。どんなことがあっても、複葉に逆もどりすることは考えられなかった。

それぞれ会社の事業を背負って開発が進められたキ10とキ11は、昭和十年（一九三五）三月と四月に試作機が相前後して完成し、立川の陸軍航空技術研究所にもちこまれて審査が開始された。飛行場にならべられた両機を見て、陸軍のパイロットたちは、あまりにも対照的な設計のちがいに興味をひかれた。とくに、見なれた複葉のキ10にたいし、低翼単葉のスマートなキ11に関心が集中した。

昭和9年度の陸軍新戦闘機の競争試作で採用された川崎の九五式戦闘機。このとき小山技師は、新たな低翼単葉の機体に挑んだ。

この競争試作は、機体設計の面ばかりでなく、エンジンにも水冷式と空冷式のちがいがあり、外観上の差異をさらにふかめていた。キ10は八百五十馬力の水冷式ハ九、キ11は五百五十馬力の空冷式「寿」三型（ハ一甲）。角ばった胴体のキ10にたいし、キ11はタウネンド・リングのまるい形状にならって胴体も円形断面の優美なものだった。

審査の過程では、エンジンの馬力の小さいキ11の方が速力、上昇力ともにすぐれ、低翼単葉機の素質の片鱗を明らかにみせていた。しかし、審査の結果は川崎側に凱歌があがり、九五式戦闘機として採用された。

これには、いろいろ原因が考えられたが、その第一はパイロットたちが格闘性能を重視していたことで、この点、複葉機のキ10は有利であった。つぎには、新技術にたいする不安があった。本来、パイロットたちはきわめて保守的であり、さきの川崎のキ5試作戦闘機の例もふくめて、低翼単葉に懐疑的だった。とくに、キ11の張線式主翼構造の信頼性について疑問をもっていたようだ。

小山技師はキ11が不採用ときまっても、それほどがっかりはしなかった。それよりも、PAが予期どおりの好性能を発揮してくれたことと、使用した「寿」型エンジンの信頼性がたかく、整備の面でもキ10の八九エンジンをしのいでいたことが、つぎの本格的な低翼単葉戦闘機設計への、明るい材料となったからだ。

キ11は、ボーイングP26とよく似た構造型式だったが、寸法も重量もP26よりひとまわり大きかった。そしてエンジンは五百五十馬力でどちらもおなじだったにもかかわらず、最高時速はP26の三百八十キロにたいし四十キロも上まわり、上昇力もすぐれていた。

キ11は、昭和十年中に全部で四機つくられたが、スライド式の密閉式風防をもった第四号機はPBとよばれ、のちに不採用ときまってから朝日新聞社に売却されて「AN一通信機」となった。

AN一はこの年の大晦日(おおみそか)、東京～大阪間を一時間二十五分で飛んで、当時のスピード飛行記録をつくったのをはじめ、つぎつぎに記録をつくり、三菱製の「神風」号が出現するまでは、日本最高速の民間機であった。

昭和九年、海軍はさきの七試艦戦のときとおなじく中島、三菱両社にたいし、単座戦闘機の試作を命じた。だが、このときも中島は七試同様あまり積極的ではなく、たまたま自分たちが研究していた低翼単葉機を、陸軍ばかりでなく海軍にも見てもらいたいという気持で、

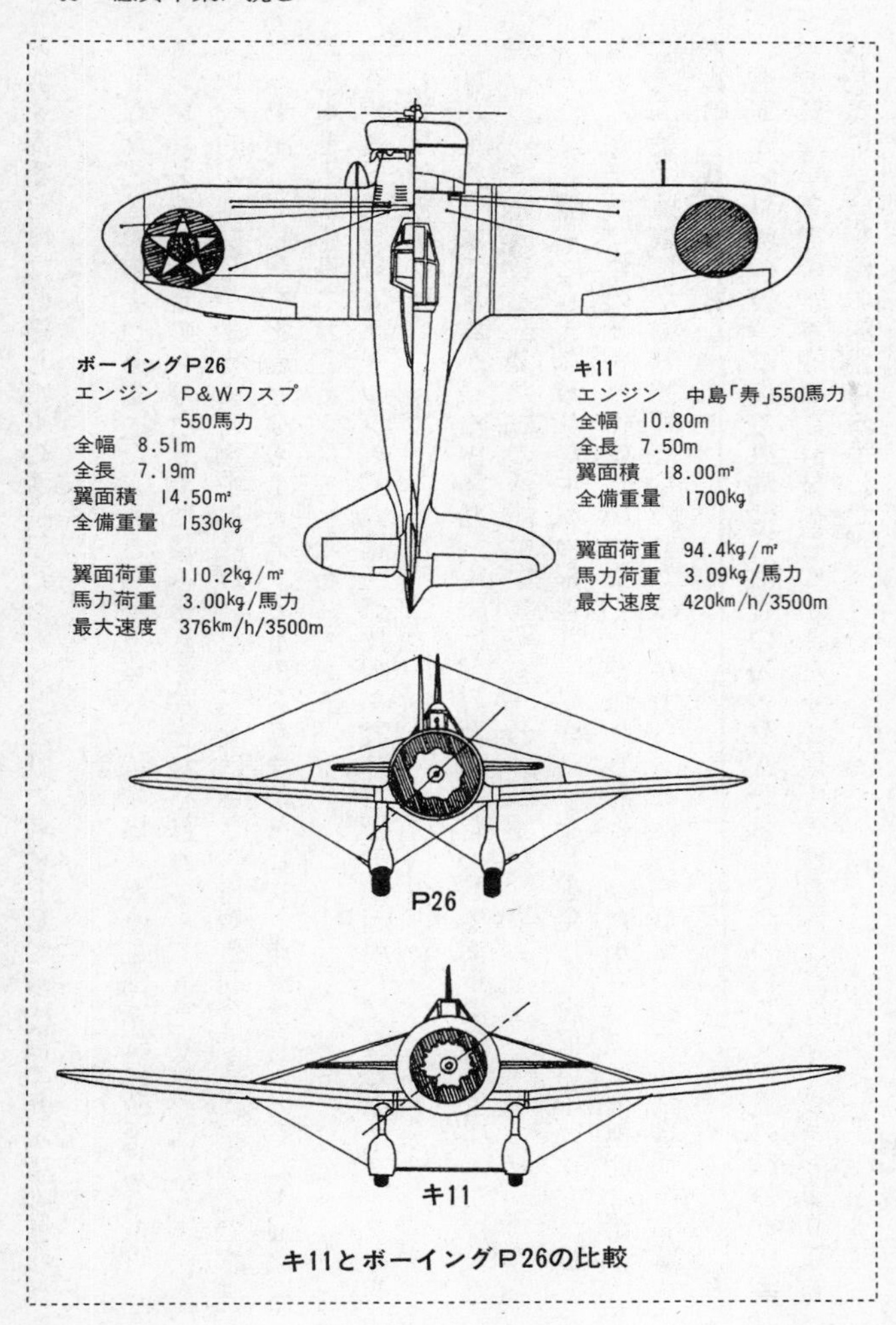

キ11とボーイングP26の比較

PAを海軍むけに改造したものを提示した。これが社内名称PCで、中島の九試単戦となった。

PCが、陸軍のキ11となったPAとちがう点は、操縦席まわりを海軍式に改造したこと、エンジンを海軍指定の「寿」五型に積みかえたことだ。

比較的のんびりかまえていた中島にたいし、三菱はさきの川崎と同じように、必死であった。老舗(しにせ)で、しかも中島とならぶ大メーカーでありながらヒット作がなく、とくに戦闘機は、陸海軍ともに中島におさえられていたからである。

三菱は七試艦戦にひきつづき、堀越二郎技師を設計主務者に起用し、有力なスタッフをそろえて万全を期した。

ひと足さきにできあがった中島九試単戦は、好性能をしめして海軍関係者をよろこばせたが、ついで完成した三菱九試の性能は中島機をうわまわった。

それに、陸軍にもきらわれた主翼の張線は、異様なうなりを発して海軍パイロットたちをおどろかせた。この競争試作は、問題なく三菱側の勝利となったが、七試で積極的に新しい低翼単葉に挑戦した堀越技師たちの努力の成果であったといえよう。この九試単戦が海軍九六式艦上戦闘機である。

海軍九試単戦の競争試作で敗れはしたものの、PAからPCにいたる、一連の試作機によって低翼単葉機の基本的な設計技術をつかんだ小山以下の設計陣は、ひきつづき、より新しい低翼単葉戦闘機の開発に着手した。

これが社内名称ＰＥとよばれる実験機であり、のちの傑作「九七戦」の原型となるのだが、三菱にしても中島にしても、低翼単葉になって二度目に優秀機を生みだしている点が興味ぶかい。

新機軸の集大成

昭和九年度の陸軍戦闘機競争試作では川崎のキ10に敗れたが、それは、この競争にどうしても勝たなければならないという川崎側と、競争に勝つというより自主的な低翼単葉研究の成果をためしてみよう、という中島側との〝家庭の事情〟による、熱のいれ方のちがいに起因するものであった。

だから、キ11が九五式戦闘機として採用にならなかったことは、すこしも苦にならなかったし、ＰＡからＰＣにいたる実験機がしめした高性能は、むしろ小山たち中島の設計陣に、低翼単葉機についての大きな自信をあたえたことでプラスになった。

とくに、小山はこの研究試作の途中で、ほぼ低翼単葉機設計の基本をつかみ、つぎの設計にたいする見とおしをたてることができたので、ＰＡ関係の作業は井上真六技師にまかせて、張線のない、完全な片持式低翼単葉機の開発にとりかかった。

この新しいプロジェクトは、社内呼称をＰＥとよび、ＰＡ～ＰＣなど、一連の低翼単葉機研究の延長であることをしめしていた。

PEの基礎計画が、かなり進行した昭和十年末、またしても陸軍は次期戦闘機の試作を計画した。これに応じたのは九一式戦闘機のときとおなじく中島、三菱、川崎の三社で、ときに小山は三十四歳、中島入社いらい十年になろうとしていた。

当時の中島の設計部には、小山よりさきに入社した大和田繁次郎と、海軍九〇艦戦いらいの吉田孝雄技師が同列といった形でいたが、歴史のあさい日本の航空技術界では、彼らはすでにベテランとして現場の実務から離れる立場にあったので、小山が設計室のリーダーとしての役目を負わなければならなかった。

陸軍がしめした試作機の要求性能は、つぎのようなもので、ようやく列強の飛行機設計技術レベルにたっしようとしていた日本の戦闘機設計者たちにとって、手のとどきかねるほどのものではなかった。

(一) 低翼単葉、単発単座であること、(二) 最高速度　四百五十キロ時以上、(三) 上昇力　五千メートルまで六分以内、(四) 武装　七・七ミリ機関銃二梃、(五) できるだけ重量をかるくし、近接格闘性能をよくすること。

このうち、五項の近接格闘性能うんぬんは速度や上昇力の要求とは相容れない要素があり、そのうえ陸軍戦闘機パイロットたちの格闘性へのこだわりは抜き難いものがあったが、すでにPE実験機をスタートさせていた中島の設計陣は、片持式、低翼単葉機でそれを満足させることにかなりの自信を持っていた。

だから空力(空気力学)上の問題にはあまり気をつかうことなく、構造的な洗練によってできるだけ軽くつくることに重点が置かれたが、小山は主翼と胴体の結合法について、これまでとはちがった新しい方法を考えだした。

胴体と主翼の結合法には、いろいろな方法がある。主翼を左右別々に胴体に金具でとめる方法、主翼の中央部のみ胴体と一体とし、べつに外翼をとりつける方法などである。

これらの構造方式は生産工程、運搬、整備などの見地にくわえて、設計者の好みや癖、あるいは飛行機製造メーカーの伝統的なしきたりによってきめられることがおおい。

小山が考え出したのは、左右一体の主翼の上に胴体をのせて一体構造とし、胴体を操縦席後部付近で前後に分割するという、これまでにない新しい方式だった（上図参照）。

主翼と胴体を一体にすることによって、重量をかなり軽減できたし、結合金具の穴をあわせる、やっかいな工作もいらなくな

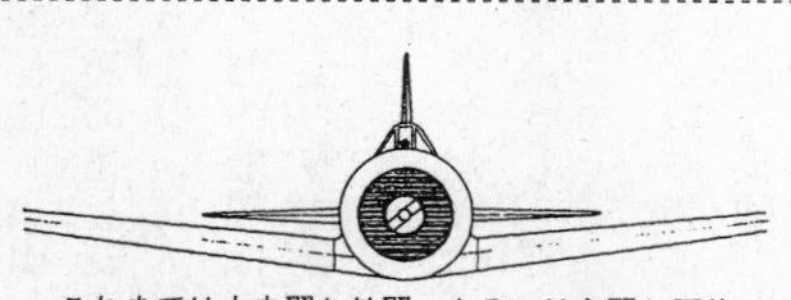

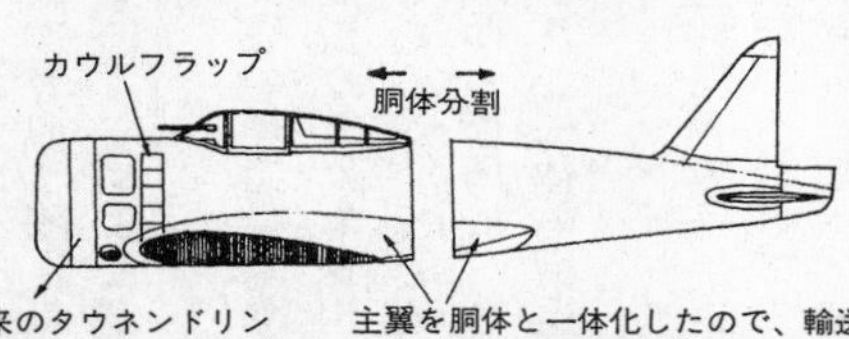

PE実験機でこころみた新機軸

った。だが、主翼を分離できないことは、機体運搬のときなどにかさばって不便なので、胴体を操縦席のうしろで切断して後部胴体を分離するという、きわめて合理的な発想であった。これで、小山の懸案でもあり陸軍の要求でもあった、構造重量の軽減に役立つばかりでなく、主翼の桁を左右一本にとおすことができたので、工作上にも強度上にも、きわめて有利となった。

この着想は、その後の単発戦闘機のほとんどに応用され、隼、鍾馗、疾風ばかりでなく、三菱の零式艦上戦闘機などにも採用された。また現在のジェット戦闘機も、エンジンを胴体内に装備する関係もあるが、ほとんどこの構造方式を採用している。

重量軽減は、あらゆる箇所に、徹底して行なわれた。部品は工程数がかかるのを無視して肉ぬきし、どんな小さな機体の構造物にたいしても、強度のゆるすかぎり重量軽減孔をあけた。

「競争に勝つか、空中分解か！」

若い技師たちは必死のおもいで、重量軽減と機体強度との限界に挑戦した。飛行機には、たくさんのボルトが使われていたが、これも軸の内部に孔をあけた。個々の肉ぬきによる重量軽減は、たとえわずか数グラムでも、全体としてはかなり大きな数値となった。この結果、世界でもまれなかるい戦闘機ができあがったのだが、こうした重量軽減による工程数の増大にたいしては、当然のことながら、作業現場からの反対もかなりあった。

重量軽減とともに重要な課題は、空気抵抗の減少だ。胴体前部にとりつけた星型エンジンのまわりの気流をととのえるためのタウネンド・リングは九一戦ではじめて経験し、その後の各種機体をへて、PAすなわちキ11試作戦闘機では、リングのすそをのばし胴体とのすき間を、ほとんどなくすまでになった。

PEではこれをさらにすすめて、胴体と完全に一体とし、タウネンド・リングと胴体の区別はなくなってしまった。この結果、胴体側面にはとりはずし可能な点検口と、冷却調節用のカウル・フラップがつけられた。

空中火災によるパイロットの焼死は、小山が入社そうそう指導をうけたマリー技師が、設計上もっとも心をくだいた問題であった。空中火災がおこったら、すぐに胴体内の燃料タンクをきりおとせるようにするため、九一式戦闘機の前身であるNCでは主翼、胴体、脚の結合に複雑な構造を採用した。

小山もまた、マリーの教訓にしたがって、この新しい低翼単葉機の乗員を火災からまもる方法について苦心した。彼はメイン・タンクをすべて主翼内におさめた。すなわち胴体付根付近から外側の左右翼内にあり、もしも火災がおこったときは、コックをひらいて胴体中央下面から燃料を機外に排出できるようにした。同時に、操縦席下面の床板を厚くし、火のまわりをできるだけおくらせてパイロットが脱出する時間をかせげるようにした。

この措置が適切だったことは、のちにノモンハン事件で実証され、松村黄次郎中佐をはじめ、おおくのパイロットたちの貴重な生命をすくったのである。

PE実験機は、昭和十一年七月一日に完成した。ピンと張った両翼は、張線のないすっきりとした片持式低翼単葉で、脚カバーもキ11よりはるかに洗練されたほっそりしたものとなり、見るからにスマートな機体となった。

初飛行は、社内のパイロットによって尾嶋の飛行場で行なわれた。エンジンの音もたからかに、機体はかるがると離陸した。

もとより、空力性能については小山は自信をもっていたが、それでも初飛行を終えたパイロットの「小山さん、これはものになりますよ」という言葉は、彼の心を明るくした。

PE実験機は、陸軍の命令でも海軍の命令でもなく、中島の自主開発機体だったが、陸軍のパイロットも非公式に乗ってくれた。そして、たいへんよろしい、と太鼓判(たいこばん)をおしてくれた。

陸軍は競争試作に応じた中島、川崎、三菱の三社に対して、それぞれキ27、キ28、キ33の番号を与えたが、中島ではキ27の基礎設計に際して、PE機のデータと経験をそのまま生かすことができた。設計だけでなく、試作についても胴体は九一戦の、そして主翼はPA機のジュラルミン材を使うなど、すべて手持ちのもので間に合わせることが可能だった。

小山は自信満々だった。

PE機のテスト飛行の好成績からして、空力性能は問題なく、あとは重量軽減をさらに徹底させれば、性能向上は目に見えていた。九一戦にはじまり、PAからPEにいたる一連の全金属製単葉機(九一戦とPA機は主翼の一部に木製部品と羽布張りを併用)の経験にもとづき、その路線をより完璧な方向に近づけていけば、かならず他社に勝てるものができると確信した。

したがって、外観的にキ27がPE実験機とちがうところといえば、カウリングの直径を少し大きくしたため、カウリング表面に小さく突出していたエンジン・シリンダーのバルブ・カバー部分がなくなって平滑になったこと、脚カバーの形がややちがったこと、垂直尾翼面積をふやしたことなどだけだった。

このころの戦闘機は、エンジンの出力もふえ、装備品などの要求も贅沢(ぜいたく)になってきていたから、どうしても機体の重量がふえる傾向にあり、翼面荷重も百キログラム／平方メートルをこえるものが続出していた。フランスから輸入したデボアチーヌD513や、ドイツから輸入したハインケルHe112などはいずれもそうであったし、とくにハインケルHe112は翼面荷重が百五十キログラム／平方メートルに近かった。

このような高翼面荷重戦闘機の用法は、高速を生かしての重火器による一撃離脱戦法で、戦闘機をたんに戦闘機同士の空中戦だけでなく、大型機の攻撃にもつかおうという考えによるものである。

日本陸軍の仮想敵は、満州で向かい合うソ連軍で、陸軍戦闘機の相手はイ15、イ16などの戦闘機であった。陸軍のパイロットたちは、これらのソ連の戦闘機に勝つには格闘性能が第一と信じていたから、中島のキ27設計陣の課題は、いかにして格闘性能のよい戦闘機を設計するかであり、そのためには、できるだけ機体をかるくするとともに、空気力学的に洗練されたものにすることが必要だった。

小山は、かつてつきあった外人技師たちの設計手法や、その背後にある戦闘機の用兵思想について、よく理解していたし、国民性や国情によって戦闘機の性格がちがうことも知っていた。彼は、イギリスのフリーズ技師とブリストル・ブルドッグ戦闘機の改良型の仕事をしたとき、彼らイギリス人たちが戦闘機の生命は格闘性能にあると信じているのを知り、さすがはサッカーのさかんなお国柄(くにがら)だと感心した。

ところが、今度は、おそらくイギリスの戦闘機パイロットたちより格闘性能については、もっとうるさいとおもわれる、日本のパイロットに気にいられる戦闘機をつくらなければならない。したがって、翼面荷重は、当時の世界の戦闘機界の大勢からは逆行することになるが、さきのPA～PC実験機なみの八十キログラム/平方メートル台におさえることにした。

そのかわり、空力的洗練をよりいっそうすすめると同時に、重量軽減を徹底し、エンジンのパワー増大による馬力荷重(一馬力が受け持つ機体の重量で、この値が小さいほどパワーに余裕があることになる)の減少で、速度も上昇力も飛躍させることができる自信があった。

小山の主翼設計哲学

キ27試作一号機の主翼面積は十六・四平方メートル、これをほぼおなじ重量だったPAすなわちキ11試作戦闘機の十八平方メートルにくらべると、かなり小さくなっている。

主翼の平面形は、その飛行機会社なり設計者なりの特色が、もっともあらわれるものだ。

小山は、このキ27によって、中島の戦闘機主翼設計の基本をつくりあげた。すなわち、前縁は翼端失速をふせぐために左右をとおして直線とし、後縁はゆるい前進角のついたテーパー翼とした。

ここで、飛行機の設計上もっとも重要な主翼の特性について、すこし説明しておこう。高速では、主翼はできるだけ抵抗をへらすと同時に、ジェット機などでは衝撃波の発生をおくらせるため後退角がつけられている。ところが後退角や小さい翼が効果があるのは高速で飛んでいる場合であり、離着陸のように低速で飛ばなければならない場合は、翼端失速をおこしやすい。

これは、翼表面の空気の流れが、翼端のほうにむかって流れる傾向（アウトフロー）があるからで、翼端の境界層がはがれるため横ゆれがおこったときに復原力がうしなわれ、補助翼も利かなくなって墜落するおそれがある（七十七頁図参照）。

この危険な大迎角のときのアウトフローをふせぐため、ジェット機では前縁に隙間翼をつけたり、境界層制御板をつけたりしている。

もっとおもいきった方法は、高速時には後退角を大きくし、低速では後退角をへらして翼端失速をふせぐ可変後退翼とすることで、これはアメリカのベルX5にはじまり、現用機ではアメリカのグラマンF14トムキャットやロシアのミグ27戦闘機などでもつかわれているが、ジェット機のように極端な場合だけでなく、キ27の時代でも高速時と低速時の主翼にたいする相反した要求の解決には、やはりおなじ悩みがあったようだ。

とくに戦闘機は、急降下時の急激なひきおこしや、はげしい旋回戦闘などでは、最大揚抗比をこえた大きな迎角をつかうことがしばしばある。ここで失速させないためには、翼付根付近が失速しても翼端は失速しないよう、表面の流れを内方にむける、つまりインフローさせればよい。そして、最後まで補助翼が利(き)くようにしてやれば、部分的に失速がはじまっても、飛行機はコントロールをうしなうことがない。

小山が主翼前縁をまっすぐにしたのは、このような理由によるものであり、大きな迎角によっておこる付根付近の失速は、下げ翼(フラップ)によってふせげばよいと考えた。

大迎角の、あるいは低速時における翼端失速をふせぐ方法には、各社ともそれぞれ苦心していた。三菱の九六艦戦も、初期のころは着陸時の翼端失速による横ゆれに悩まされたようだが、捩り下げといって、翼端にむかうにしたがって主翼の取付角（つまり、進行方向にたいしては迎角）をすこしずつへらすことにより解決している。

九六艦戦およびのちの零戦もそうだが、三菱では主翼弦長の二十五～三十パーセント付近に前桁をもってきて、これを中心に前縁および後縁をテーパーさせ、先ぼそりにする方法をとっていた。九六艦戦にカーブをつかい零戦では直線というちがいはあったが、このような先細翼では翼端失速のおこる傾向がつよかったようだ。

捩り下げは、その一つの解決策だったが、九六艦戦などとおなじ楕円テーパー翼をつかった九九艦爆の場合は、翼端になるにしたがって翼前縁部の形状をかえて、おなじような効果をねらっていた。

このころから、小山は設計の編成を専門別にわけて、システム化することを考えていた。これは特定のメンバーをあつめて何々設計チームといったものをつくるのではなく、おのおの専門分野の研究チームがあって、設計主務者は自分の必要とするデータなり研究を、それぞれの研究チームに依頼し、必要に応じて人までかりる方法である。

したがって、キ27の主翼についても、キ27設計チームの主翼班ということではなく、主翼研究チームにキ27の主翼はどういうものがよいかという実験研究を依頼した、という方が正しいだろう。

主翼研究チームは、PA実験機いらいのデータをもとにし、高速と格闘性能という、相反した性格の両方を満足させようと、理論計算と模型による風洞実験を根気よくくりかえした。

主翼のテーパー比、つまり胴体付根部分から翼端部にかけてほそくなっていく度合、スイープ・バック、すなわち主翼前縁の後退角をどの程度にしたらよいか、また胴体付根部分と翼端末部の翼断面の形をどのように変化させたらよいかなどを、それぞれについて、または、それらの組みあわせについて、数十とおりもの実験が行なわれ、技術者たちは理想

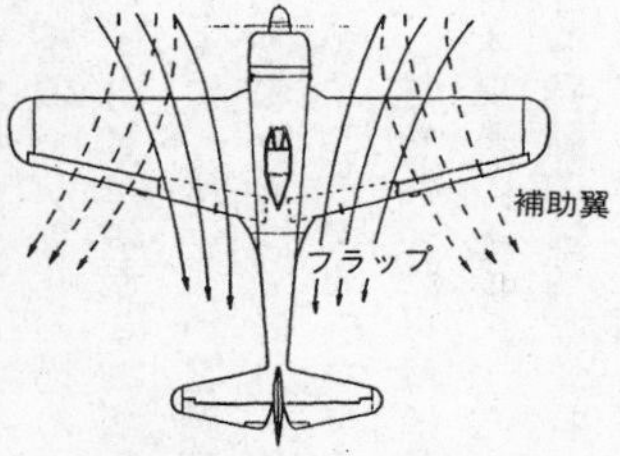

主翼表面の空気の流れ

主翼の迎え角を増していったとき、どのへんで失速がおこるようにするか、これが主翼平面形をきめるのに重要な決め手となる。理想は図のように、翼表面の流れを内側にむける、つまりインフローさせ、最後まで補助翼を利かせるようにしたい。アウトフローすると、はやく翼端失速がおこり、補助翼が利かなくなる

をもとめて、すこしずつ進んでいった。

戦闘機は、空戦時には想像もつかないような、ムリな運動や姿勢が要求される。なにしろ敵を照準器のなかにとらえられるかどうか、自分が相手から撃たれるかどうかの瀬戸際である。命のやりとりの場にあっては、パイロットは自分の伎倆のかぎりをつくす。このときにパイロットの意志にこたえられないような飛行機では落第である。

とくに、はげしい格闘戦では、着陸時よりもさらに大きな迎角をつかうことがしばしばある。この点では、揚力が急激に減少し、いわゆる失速をおこして飛行機がコントロールをうしなう。この瞬間をのがさず敵は攻撃してくるから、たとえ失速からたちなおることができたとしても、それ以前に撃墜されてしまうことは明らかだ。

日本海軍のエース、六十四機撃墜のかがやかしい記録をもつ坂井三郎氏によれば、空中における戦闘では、パイロットの一瞬のミスが命をうしなうことにつながり、攻撃側としては、できるだけおおく相手にミスをおかさせることが必要だという。

設計者は、もとよりそのような修羅場を自分で経験するわけではないが、パイロットの言動から、できるだけおおくの要求と真実をくみとって、自分の設計する飛行機につぎこまねばならない。

小山は、この点にもっとも心をくばった。はげしい競争意識がおこす、各社の情報合戦など気にもとめなかったし、どうでもよいことであった。

補助翼の利きのシャープさ、および横転(ロール)の停止のシャープさをもとめて、キ27は制式になるまでに主翼面積を再三にわたってかえている。補助翼の利きなどは、風洞実験でもおよその見当はつけられるが、主翼全体の特性となると、実機で飛んでみなければわからない点がたくさんあった。

キ27の試作第一号機は、全幅十・四メートル、主翼面積十六・四平方メートルでスタートしたが、飛行実験の結果、十七・六平方メートルに増大した。主翼表面の気流の状態を見るため翼全面に毛糸をつけ、失速寸前まで迎角を大きくとって、翼表面の気流の剥離(はくり)状態をパイロットに見てもらったり、写真にとったりして研究した。

翼面積をふやすため、翼端を改造して翼幅をふやした。同時に補助翼もかえた。補助翼は、有名なフリーズ技師のものを改良してつかった。補助翼のはたらきは微妙で、補助翼の設計のよしあしで、鈍重な飛行機になるか軽快でシャープな飛行機になるかがきまる。また操縦を、容易にするのも、むずかしくするのも、補助翼の利きぐあいによることがおおい。

フリーズ式の補助翼では、前縁半径がもっとも重要である。このことは、第二次大戦後、カナダで日本の九九式艦上爆撃機を復元して飛ばせたカナダのボブ・ディーマートも強調していた。復元された九九艦爆は、バラレ島で発見されたとき、補助翼も尾翼もなかった。そこで、彼はつぎのようにいってきた。

「尾翼は適当につくることができるが、補助翼は操縦性にもっともつよく影響するので正確につくりたい。九九艦爆はフリーズ式の補助翼をつかっているようだが、ぜひ補助翼断面の線図がほしい。とくに前縁付近のかたちが必要だ。このアールが大きすぎると舵がおもくなるし、小さすぎると利きが鋭敏すぎて操縦のむずかしい飛行機になる。私は、このことを以前ホーカー・ハリケーンを復元したときに体験して知っている」

小山はフリーズ技師といっしょに仕事をしたので、フリーズ式補助翼についてはいわば直伝（じきでん）ともいうべく、その利きについては、絶対の自信もあったし、パイロットの感想もそれを裏づけていた。

キ27、のちの九七式戦闘機もそうだが、きわめて大きな上反角を主翼にあたえている。翼上面でほぼ七度という上反角は、のちの零戦の五度五十分、あるいは隼や鍾馗の六度よりも大きい。主翼の上反角は、機体の前後方向の軸まわりの安定、すなわち横ゆれ（ローリング）の復原性に関係するが、キ27はたとえローリングがおこっても、けっして横すべり（スキッド）をおこさなかったほどすわりのよい飛行機であった。

このことは戦闘機の射撃性能を向上させるのに効果があり、のちに〝空の狙撃兵〟といわれるほど九七戦の機銃の命中精度はすばらしかった。そして、パイロットたちは、「まるで的にすいこまれるようだ」「樋（とい）のなかを、すべっていくような感じだ」といって、この戦闘機の射撃性能に絶大の信頼をよせていた。

日本のほこるエース・パイロットたちの話をきくと、いわゆる格闘戦がうまいのと、射撃がうまいということとは別ものらしい。どんなに操縦がうまく、敵機を追いつめても、射撃が下手（へた）では撃墜することはできない。だから、本当の空戦上手とは操縦技倆ばかりでなく射撃もうまくなければならず、この両方をあわせもったものだけが、エース・パイロットの資格を手にいれることができるといえよう。

空中では、弾丸は決してまっすぐには飛ばない。とくに格闘戦にはいると、機体にはパイロットが一時失神するほどのはげしい加速度がかかる。機体は加速度に抗して運動をつづけるが、機体から発射された弾丸は、かかった加速度の大きさと重力に応じて、かならず弾道がズレてしまう。この弾道のズレと敵機の未来位置をとっさに頭のなかで計算し、目標と弾丸とのであいを確実にさせる能力は、素質にくわえて訓練でみがきあげるほかはない。

これはパイロットの側からの見方だが、機体製作者側からみれば、射撃のときに、パイロットの意に反してふらつかないよう、すわりのよい設計をするということだ。

小山が甲式四型戦闘機にはじまり、九一戦やPA、PEなどをへて体得したおおくの経験が、いまキ27の主翼に結実しようとしていた。

第三章　名機九七式戦闘機

三社競争試作、中島に凱歌

機体の設計、試作は太田稔技師、それに新人の糸川英夫技師らが主となって順調に進められたが、小山にとって気がかりだったのは他部門が担当するエンジンだった。とくに、戦闘機のように、さまざまな飛行姿勢や苛酷な飛行条件が要求されるものでは、機体の空力性能もさることながら、エンジンの性能がものをいう。そのなかでも気化器、つまりキャブレター系統はもっとも重要であり、同時に問題もおおかった。

ふつうの状態ならば調子のよいエンジンも、宙返りのような急激な荷重のかかる運動をすると、キャブレターに燃料がこなくなってエンジンが息をついたり、停止してしまったりする。

キ27は、おなじ中島製の「寿」二型、陸軍制式名「ハ一甲」をとりつけることになっていたが、小山は足しげく太田からエンジン部門のある東京の荻窪製作所（現在の日産自動車荻窪事業所）にでかけては、より完璧なエンジンを要求して、担当者にはっぱをかけた。

荻窪には関根隆一郎技師、そしてキャブレターの第一人者だった新山春雄技師（のちプリンス自動車工業社長）らがいて、小山がもちこむさまざまな問題の解決にあたった。エンジン部門の協力もあって、中島の試作戦闘機キ27の第一号機は、昭和十一年（一九三六）十月に完成し、十月十五日に利根川の堤防の内側にある川べりの飛行場で初の試験飛行をおこなった。

それは、日本陸軍に近代的な低翼単葉の戦闘機をもたらした記念すべき日であったが、当時の列強の戦闘機界にも、つぎつぎに新鋭機があらわれつつあった。

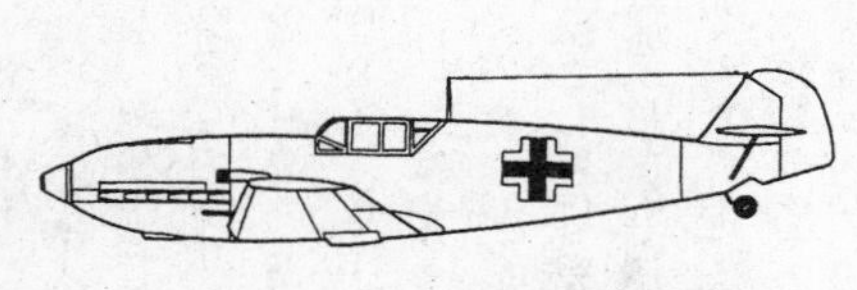

メッサーシュミットMe109（1935）

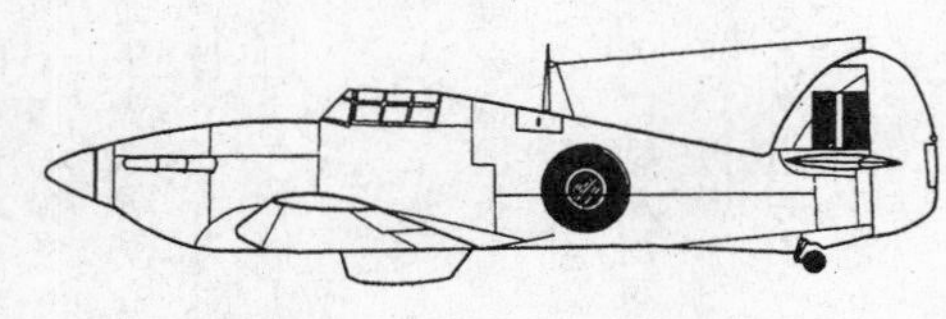

ホーカー・ハリケーン（1935）

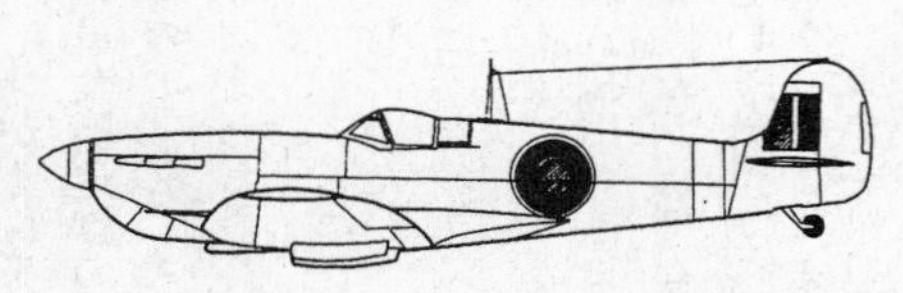

スーパーマリン・スピットファイア（1936）

ヨーロッパの代表的戦闘機3種の側面比較

キ27に先だつこと一年、昭和十年(一九三五)九月、ドイツではメッサーシュミットMe109、十一月にはイギリスでホーカー・ハリケーンがそれぞれ進空した。また、アメリカ陸軍ではセヴァスキーP35、カーチスP36などの単葉引込脚の戦闘機があいついで制式となり、半年前の昭和十一年三月には、イギリス空軍のホープ、スーパーマリン・スピットファイアが試験飛行でハリケーンを五十キロ以上もうわまわる最高速度五百六十キロ時を記録して、人びとを狂喜させている。

各国とも、艦上機は依然として複葉を固守していたが、前年に完成した日本海軍の九六艦戦は、いちはやく低翼単葉を採用した。三菱は、この九六艦戦を陸軍の仕様にあうよう改造したものをキ33として、この年の八月に陸軍に納入した。

三菱としては、すでに九六艦戦が海軍に制式採用がきまったさいでもあり、ぜがひでも陸軍に採用してもらいたい、というせっぱつまった状況でなく、できるだけ手をかけずに、そのすぐれた性能を陸軍にも見てもらおう、という気持がつよかったようだ。ちょうど、海軍の七試単戦の競争試作のときに、中島が陸軍の九一戦の改造型を提出したのと、おなじケースといえるかもしれない。

川崎となると、事情は一変する。当時、工場の生産ラインにあったのは陸軍の九五戦だけしかなかった。そんな社内事情から、この競争試作にはなみなみならぬ意欲をもやし、すでにキ27の前身ともいうべきPE実験機を先行させていた中島や、海軍機のわずかな改造で間にあう三菱とのハンディをうめようと、土井武夫技師を設計主務者として猛然と設計を開始した。

そして、中島のキ27におくれること、わずか一ヵ月という異例のスピードで一号機を完成させた。エンジンは、九二戦いらい川崎の伝統となっていた液冷エンジンを積み、全金属製低翼単葉ではあったが、胴体には九五戦やそのまえのキ25試作戦闘機などと共通の面影(おもかげ)が見られた。

土井技師は、戦闘機について独自の考えをもっていた。彼は前年、各務原で行なわれた九試単戦の試験飛行で三菱の堀越技師にあったとき、東大航空学科同期の堀越と将来の戦闘機について、ながいあいだ語りあったことがある。

その九試単戦とほぼおなじものが今度の競争相手キ33であり、堀越の作品には敬服していた。しかし、土井のめざしたものは、当時の世界の戦闘機があゆみはじめた重戦闘機、すなわち大馬力エンジンを積んだ高速戦闘機だった。

これは当然のことながら、格闘戦を重視する軽戦的思想をもった陸軍の要求にたいしては、不利をまぬがれなかった。

当時は、まだ中島の「栄(さかえ)」が完成していなかったので、戦闘機用の手ごろな大馬力エンジンがなく、九五戦とおなじ液冷倒立V型十二気筒のハ九(ドイツのBMW(ベーエムベー)を改良したもの)をつかわなければならなかった。

このエンジンは、中島キ27および三菱のキ33が装備していたハ一甲エンジンの六百八十馬力にくらべ、八百馬力でパワーが大きかったかわりに百キロ以上も重かったので、そのぶん機体も重くなり重戦的な性格にならざるをえなかった。

飛行機の性能をきめるうえに重要なエンジンの出力と、機体重量を比較すると、

	最大出力（馬力）	全備重量（kg）
キ27（中島）	六八〇	一三六〇
キ28（川崎）	八〇〇	一七六〇
キ33（三菱）	六八〇	一四六二

であり、キ28がエンジンのパワーが大きいかわりにとびぬけて重いことがわかる。

キ28の外見上で、ほかの二機とことなるところは、液冷エンジンを装備したため機首がスマートであるほか、スライド式の風防(キャノピー)を採用した点である。しかも、この風防はちょうどパイロットの頭の部分に一部切り欠きがあり、風防を閉じたあとも、ここから頭をだして直接そとを見ることができた。

十一月にでそろった第一号機にひきつづき、各社とも翌年二月ごろまでに第二号機を提出、結局、各二機ずつの合計六機が陸軍航空技術研究所でテストされた。テストは翌年春までつづけられ、陸軍では昭和十二年のはじめに比較テストの結果を発表した（次頁表参照）。

この記録によると、三機とも高度四千メートルで最高速度をだしていることは、エンジンの特性からいって当然であるが、馬力も翼面荷重も大きい川崎のキ28がもっとも速かった。

上昇力でもキ28がもっともよく、速度、上昇力ともパワーの大きいキ28がすぐれている。

しかし陸軍（海軍もふくめて）がとくに重視した旋回性能では、キ27が旋回半径、時間とも

にもっともよく、小まわりがよくきくことをしめしていた。翼面荷重が大きく、馬力も大きなキ28が、キ27およびキ33より旋回半径が大きくなるのは当然だが、旋回時間がほぼキ33とおなじなのは、旋回スピードが速いことを物語っている。

	キ27	キ28	キ33
最大出力（馬力）高度三五〇〇m	六八〇	八〇〇	六八〇
最高時速（km）高度〇m	四二〇	四一〇	四一二
三〇〇〇m	四六七	四七六	四七四
四〇〇〇m	四六八	四八五	四六八
六〇〇〇m	四六三	四八一	四五四
上昇時間 高度一〇〇〇mまで	一分〇三秒	一分〇五秒	一分一六秒
三〇〇〇mまで	三分〇二秒	二分五四秒	三分一六秒
六〇〇〇mまで	七分一七秒	六分三六秒	七分四二秒
旋回半径（m）右	八六・三	一一一・三	九七・五
左	七八・九	一一〇・二	九一・九
旋回時間（秒）右	八・一	九・五	九・八
左	八・九	九・五	九・五

しかし、川崎のキ28は、性能面ですぐれた特色があったにもかかわらず、旋回性能の点で不利な立場にたたされた。

さらに、キ28にとって不幸だったのは、装備した液冷エンジンの不調であった。

のちの九八式軽爆撃機や三式戦闘機飛燕でもそうだが、液冷エンジンになやまされるのは川崎の宿命のようであった。

キ28に搭載したハ九は、比較テスト中にもしばしば故障をおこし、中島製の安定したハ一甲空冷エンジンにくらべ、実戦につかえるかどうか不安だという、わるい印象を審査側の人びとにあたえてしまった。

こうして川崎のキ28は、すぐれた素質をみせながらも競争圏外に去り、のこった中島と三菱のライバル同士の対決となった。

キ27とキ33をくらべると、高度三千メートルでキ33がわずかに最高速度でまさるほかは、上昇力も旋回性能もキ27がすぐれていた。また海軍用につくられたキ33にたいし、キ27の舵は利きぐあいが陸軍のパイロットたちの好みにピッタリだったことが勝負を決定的なものにした。

これは小山がもっとも苦心した点で、陸軍のパイロットたちとのながいつき合いをとおしてえた経験にもとづくものであった。

パイロットに好かれる飛行機をつくる。設計者は刀鍛冶のようなものだから、パイロットがつかいやすい飛行機をつくらなければならない、というのは彼の信念だった。

いっぽう、彼は技術者として、世界の戦闘機設計の大勢に、たえず心をくばり、重戦に移行しつつある傾向をいちはやく感じとっていた。しかし、ソ連を仮想敵とする陸軍パイロットたちが、もっとも要求する格闘性能を無視することはできなかった。したがって、格闘性能を極限まで追及し、そのうえでほかの性能もできるだけたかめよう、というのが彼の基本的なねらいであった。スピードばかり速い重戦が、かならずしも空の勝利者たりえないことは、のちのノモンハン事件における九七戦とソ連のイ16戦闘機との空戦の、圧倒的なスコアの差がそれを証明した。

　こうして陸軍の次期主力戦闘機は、ほぼ中島のキ27に内定し、その後も慎重にテストと改良がつづけられた。

九五式戦闘機にかわる陸軍の次期主力戦闘機の３社候補機。上より、三菱キ33、川崎キ28、中島キ27。３機種の中では重戦的性格のキ28がまず候補から脱落し、残り２社の比較ではキ33に比して上昇力と旋回性能の優れたキ27が制式採用された。格闘戦を好む陸軍側の実情を知る中島の勝利であった。

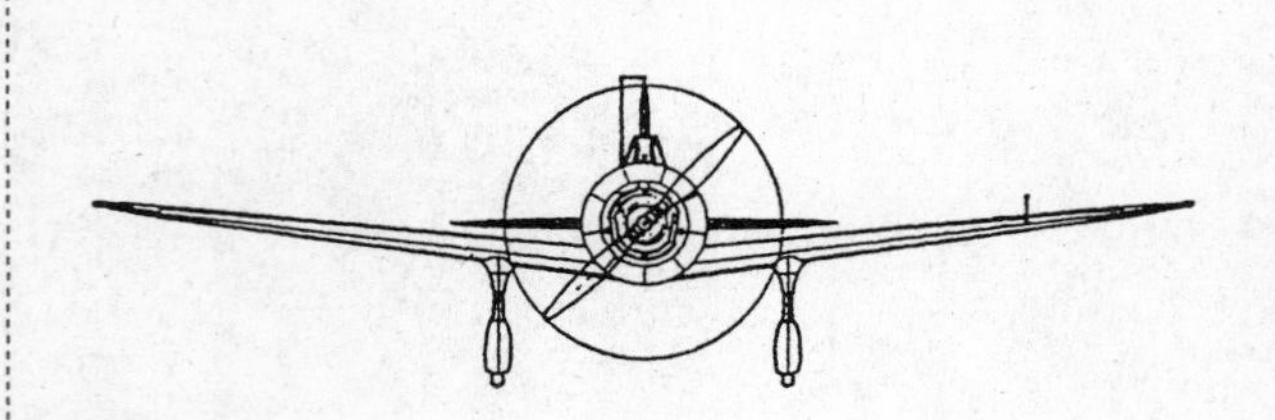

▼キ27甲型

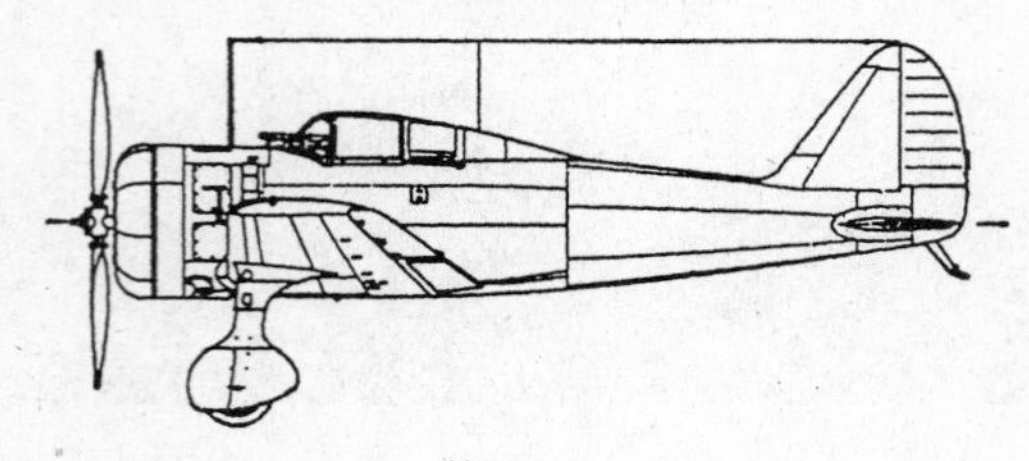

▼キ27乙型

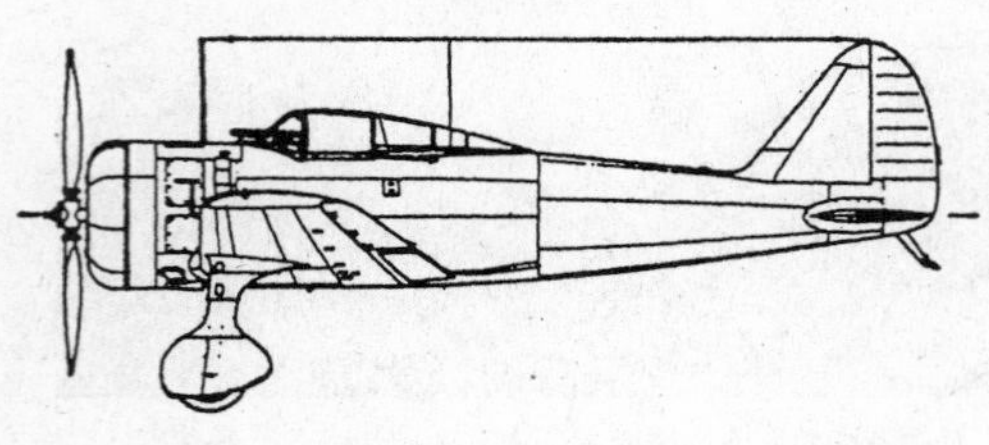

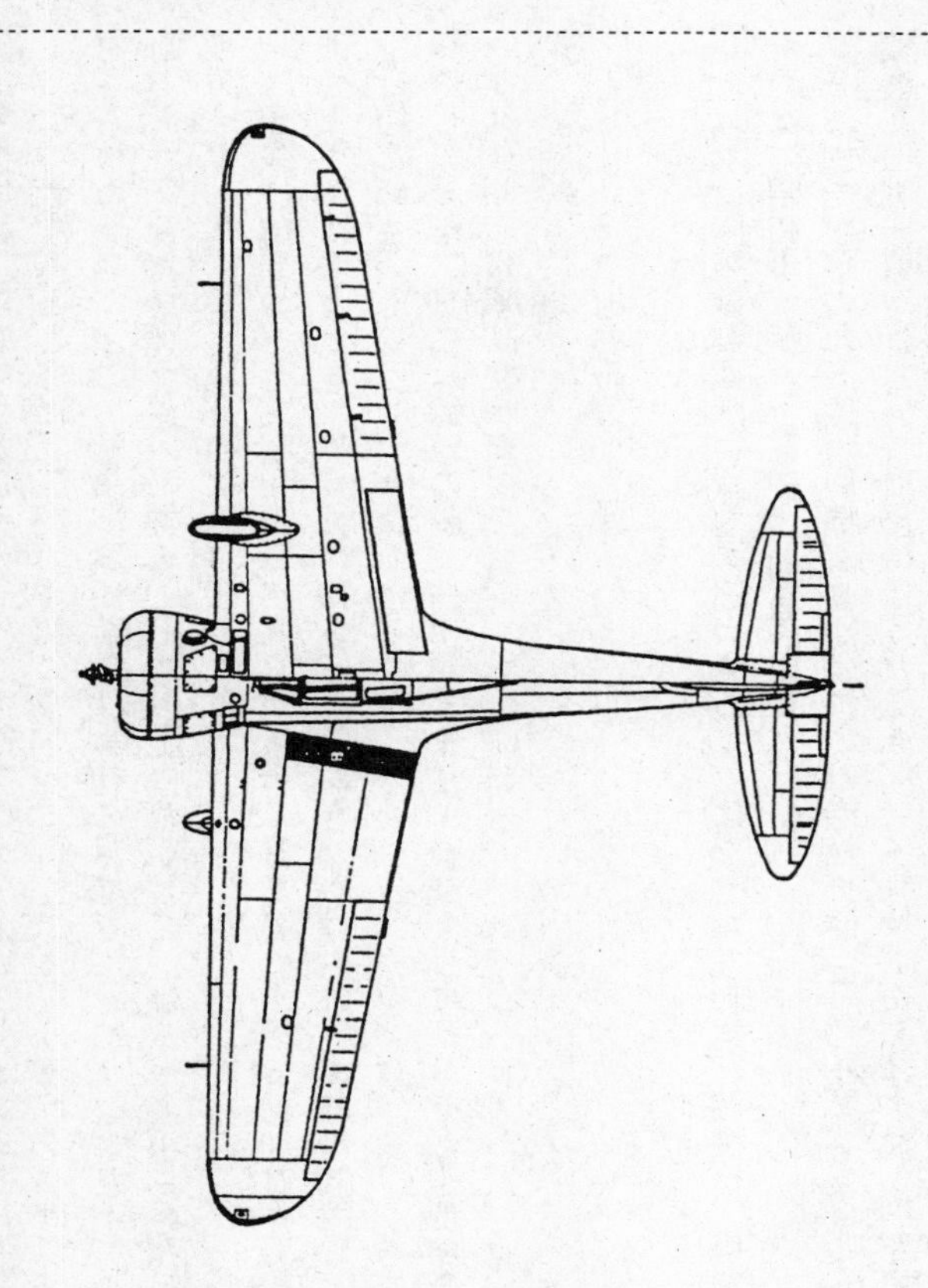

キ27　九七式戦闘機

全幅：11.31m　全長：7.53m　全高：3.25m　主翼面積：18.56m²
自重：1110kg　全備重量：1790kg　発動機：97式(ハ乙)870馬力
プロペラ：金属製固定ピッチ2翼(直径2.90m)　最大速度：460km/h
上昇力：5000mまで5分22秒　武装：7.7mm×2

二号機では、はじめ主翼面積が十七・六平方メートルだったが、のちに十八・六平方メートルに増大するとともに、三菱のキ33にならっていくぶん捩り下げをつけて低速時の安定性をさらにたかめた。この結果、翼面荷重は当初の目標をこえてしまったが、当時の世界的傾向であった百キログラム／平方メートル以上にたいして、はるかに小さい九十キログラム／平方メートル前後という値におさまった。

二号機にひきつづき、昭和十二年六月から十二月までに十機の増加試作機がつくられ、各種の実用テストとともに操縦性にはさらにみがきがかけられ、単座戦闘機としては、これ以上はのぞめないというレベルにたっした。

そして、十二月には待望の制式採用がきまり、軽戦としてはおそらく世界最高の傑作ともいうべき九七式戦闘機が誕生した。

九七戦の活躍

あらたに陸軍戦闘機陣に威力をくわえることになった九七式戦闘機が、中国大陸に進出したのは、昭和十三年（一九三八）四月三日であった。

それまで複葉の九五式戦闘機をつかっていた寺西部隊（部隊長寺西多美弥（たみや）中佐）に、低翼単葉の九七戦三機がはじめて所属になったとき、パイロットたちはスマートなそのスタイルに目をみはった。空にあがってみると、スピードはあるし上昇力はいいし、あらためて新戦闘機の性能に満足した。

最初にこの九七戦を使うことになった寺西部隊の第一中隊長加藤建夫大尉は（のちの「隼」戦闘隊長、加藤少将）は、「旋回やや不満なるも上昇よく、まず申し分なし」と四月四日の日記に書いている。また、四月六日の日記には「九七戦射撃を行なう。照準調整案じたるも、予想外によく安心す」とあり、さらに四月八日には「九七戦による単機戦闘、性能素晴し」とあって、この新戦闘機が好感をもってむかえられたことがうかがわれる。

攻撃訓練中の九七式戦闘機。複葉の九五戦に比べてスマートなスタイル、速力、上昇力の卓越さが陸軍側に認められた。

こうして四月十日、進出後わずか一週間で、九七戦のすばらしい威力を発揮する機会をむかえた。

このころ、空軍力の再建をはかっていた中国側は、ソ連から増援のイ15を主力として、これにイギリス製のグロスター・グラジエーターをくわえ、着々と戦闘機隊を増強していた。この中国空軍と正面からぶつかったのが寺西多美弥中佐のひきいる戦闘機隊で、これまでにも数次にわたり、はげしい空戦がおこなわれていた。

なかでも、もっとも大規模だったのが、三月二十五日の第一次帰徳攻撃での空中戦だった。このとき、部隊主力に先行した加藤中隊の戦闘ぶりはすさまじく、優勢な敵とわたりあって十二機を撃墜したが、このころは全機がまだ旧式な九五戦だったので苦戦し、加藤大尉みずからも四機を撃墜したものの、もっとも信頼していた部下の川原幸助中尉をうしなってしまった。だからこのあとに行なわれた四月十日の攻撃は、加藤中隊長にとって、いわば川原中尉の弔い合戦ともいうべきものであった。

前線基地である帰徳飛行場に敵機が大挙進出との情報に、寺西部隊は全力をあげて出動した。といってもわずか十五機。寺西部隊が帰徳に近づいたとき、上空には約三十機の敵戦闘機が、三層に展開してまちかまえていた。

数において約二倍、しかも高度の優位は敵にあった。

低位からの不利な戦闘となったが、しだいに態勢をたてなおした寺西部隊は、第二中隊長森本重一大尉の指揮よろしく、つぎつぎに敵機をおとした。森本中隊の攻撃に耐え切れず、戦闘圏を離脱しようとした中層の敵編隊八機に、待ちかまえていた加藤第一中隊の九七戦三機が猛然と襲いかかった。

「新戦の威力を如何なく発揮して、逃げる敵の退路を遮断し、愉快なる戦闘を実施せり」と加藤が日記に書いているように、おもいのままの戦闘を展開して八機のうち五機を撃墜した。結局、この日の戦闘では、三十機あまりの敵戦闘機の約八十パーセントにあたる二十四機を撃墜し、九七戦のデビューに花をそえた。

寺西部隊につづき、この年の夏には、精鋭をほこる飛行第五九戦隊の今川部隊も九七戦を装備して中支に進出したので、その強さにおそれをなした敵空軍は奥地に後退し、反撃してこなくなった。

九七戦の優秀さについて第五九戦隊長の今川中佐（一策、のち少将）は、こう語っている。

「昭和十四年ころのことだが、漢口でたまたま海軍の九六艦戦部隊とおなじ飛行場をつかっていたことがある。九六艦戦は九七戦が試作機時代に制式をめぐって争ったキ33とおなじ機体で、性格的によく似かよっていた。

海軍さんとはおなじ戦闘機仲間ということでウマが合い、いっしょに会食をしたり、おたがいの飛行機の乗りくらべをよくやったりした。敵爆撃機が空襲にやってきたときには、翼をならべて迎撃にあがったりもして、じつに仲がよかった。

このころの陸海軍両方のパイロットたちの一致した意見では、九七戦の方が九六艦戦より速度、上昇力、格闘性などすべての点で上まわっているというので、海軍側からうらやましがられ、われわれは大いに鼻をたかくしたものだ」

ノモンハンの大勝

九七式戦闘機の優秀性を、さらに印象づけたのは、ノモンハン事件であった。

昭和十四年（一九三九）五月十一日、それまでほとんど知る人もなかったソ連と満州との国境にちかい小さな集落の名が、一躍、クローズアップされる事件がおこった。

当時の満州国と外蒙古、それにソ連との国境が相接している広大な平原のなかの一集落ノモンハンで、満州国軍と外蒙古軍とのあいだに小競合いがおこった。

もともとこの事件は、不毛の原野にひかれた国境線があいまいなことに端を発したものであるが、バックがいけなかった。この局地的な小事件を拡大また拡大へとおしやったのは、それぞれのうしろに控えるスポンサー、すなわち満州国をあとおしする日本と、外蒙古を支援するソ連であった。いつの場合でも、中央と現地軍の距離はとおく、認識のくいちがいは大きい。戦争とはそのようなギャップをのこしたまま、おもわぬ方向に発展し、エスカレートする。この場合もそうであった。

東京の陸軍参謀本部や陸軍省では、高官や参謀たちがあわただしく出入りし、ノモンハンにおこった局地戦闘をどう処理するかについて、毎日のように協議をかさねていた。

以前からつづいている中国との戦争は、戦闘には勝つものの、大陸のひろさをもてあまし、ぬきさしならぬ状態となっていたので、これ以上ノモンハンでの戦闘が拡大することは望ましくなかった。もし、日本軍が満州軍を援助すれば、当然、ソ連軍もでてきて、結局は日本とソ連との全面的なぶつかりあいになることは明らかだった。中央としては、この事態はさけたかった。

ところが、現地軍はどうであったか。当時、関東軍といえば精鋭をもってならし、その旺盛な士気と自信のほどは〝事あらば〟の危険なエネルギーを秘めていた。はたせるかな、関東軍の服部卓四郎中佐、辻政信少佐といったいきのいい作戦参謀たちは、強硬意見を主張し

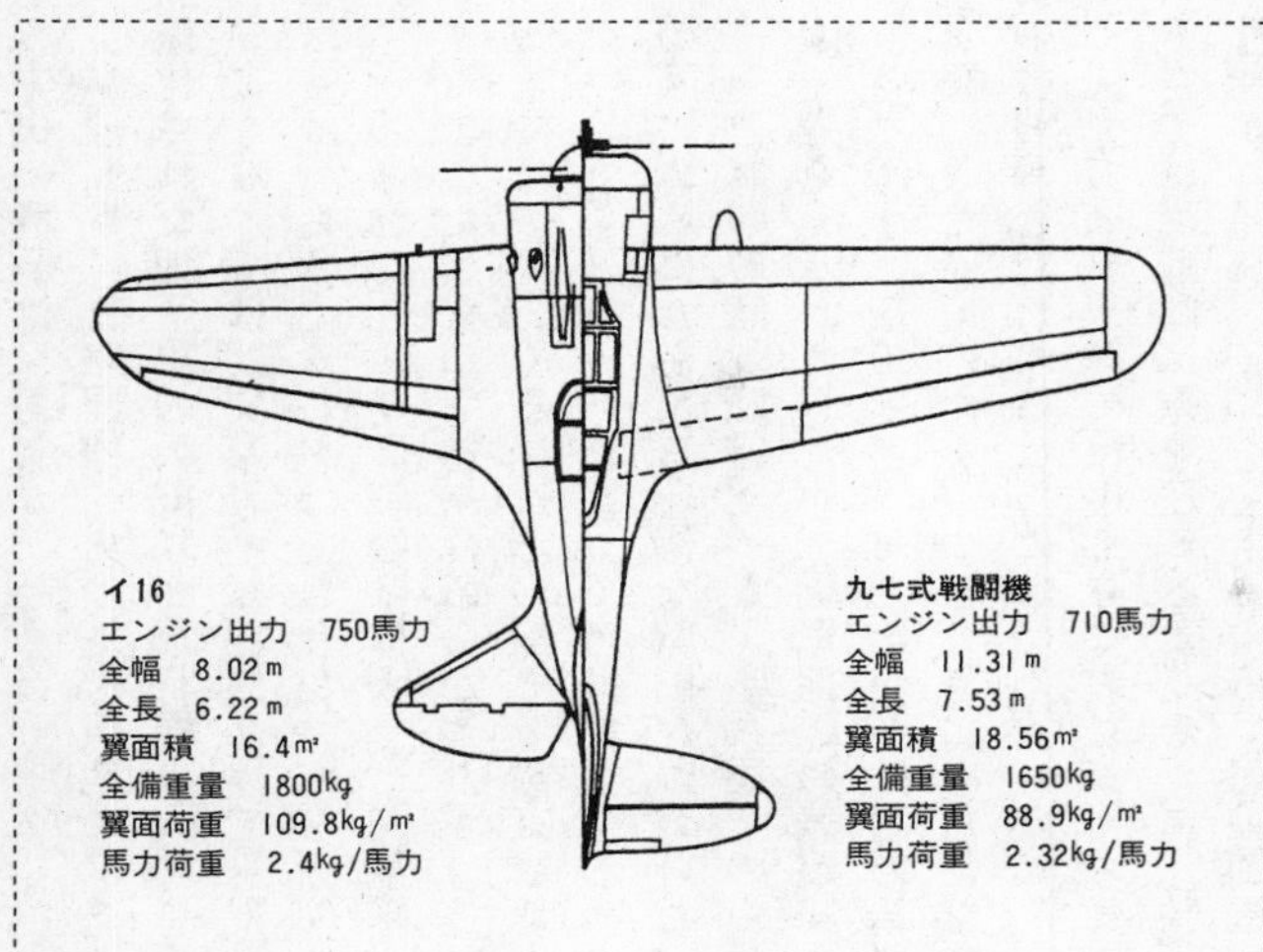

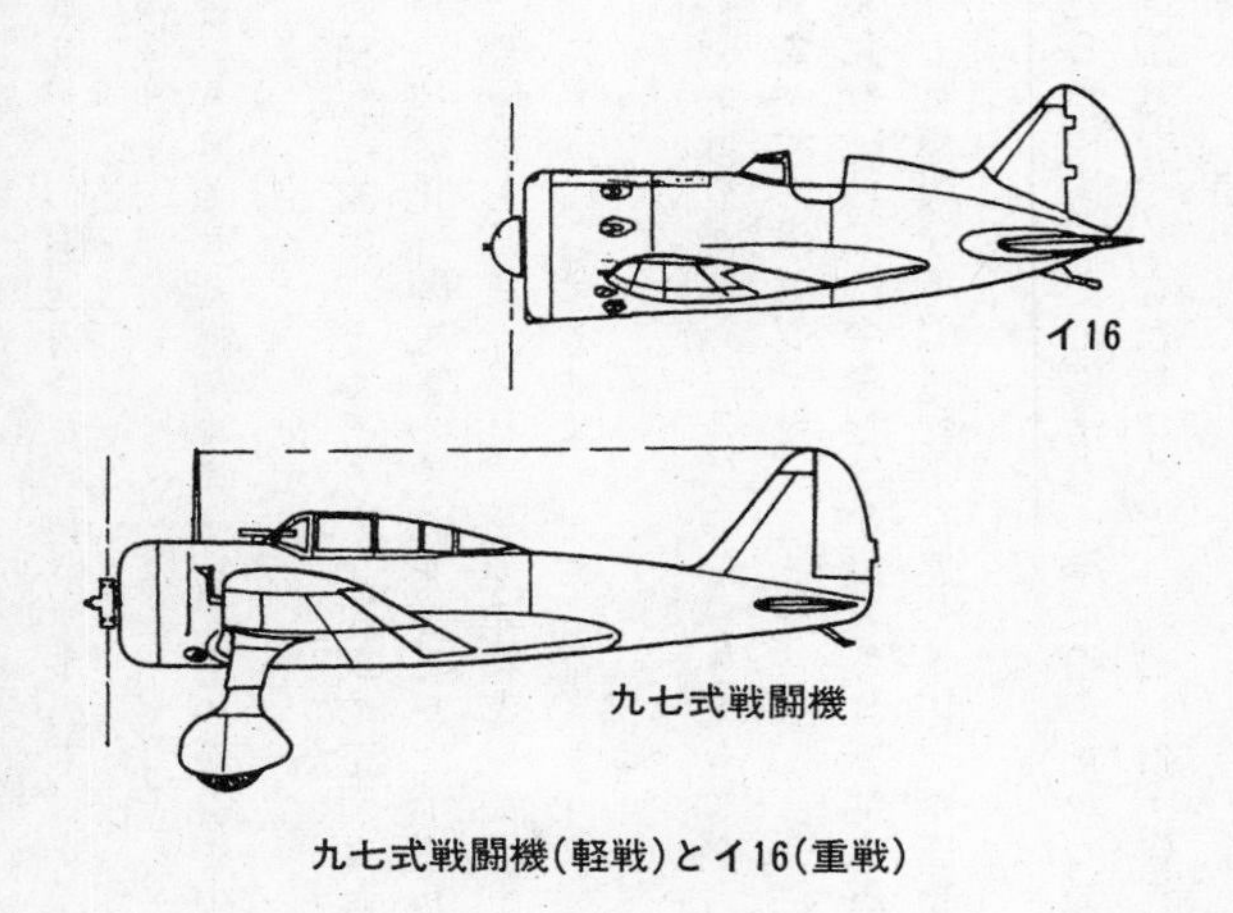

九七式戦闘機（軽戦）とイ16（重戦）

て中央の意見に反対した。

ソ連側も、また同様であった。現地のソ連軍は、この国境紛争を有利にすすめるべく、機械化された地上軍の大部隊と飛行機の大群を集結した。

こうなっては、関東軍の意地にかけても、といきりたった植田軍司令官以下の面々を中央はもはやおさえることはできなかった。

予想されたとおりに戦闘は拡大し、関東軍の精鋭部隊は、ぞくぞくとソ連軍の正面におくりこまれた。だが、結果はわるかった。ソ連軍の機械化は関東軍のそれをはるかに上まわり、物量でせまってくるソ連軍の前に、関東軍地上部隊はおしまくられ、ソ連の戦車や装甲車にたいして、火炎ビンをもって肉弾攻撃する兵士たちがつぎつぎに撃ちたおされ、キャタピラの下にふみにじられる悲惨な戦闘がつづいた。

ソ連軍の戦意も旺盛だった。歩兵同士の白兵戦では、たがいに死体の山をきずきながら一進一退をくりかえしたが、機甲部隊の差が勝負を決する鍵（かぎ）となった。

いっぽう、空ではどうだったか。はじめ新鋭九七戦の二個中隊だけが投入されて地上軍の支援にあたっていたが、つぎつぎにあらたな九七戦部隊が増強され、ソ連のイ15、イ16などの戦闘機と対抗することになった。

地上ではソ連軍の機甲部隊におしまくられた日本軍も、その鬱憤（うっぷん）を一挙に晴らすかのごとく空では徹底的に敵を圧倒した。とくに、技倆優秀なパイロットたちと、九七戦のすぐれた性能が、イ15、イ16を主力とするソ連戦闘機隊をうち負かした。

数では、つねにソ連側がだんちがいに優勢を示し、わが出撃が三十機なら百五十機でむかえ、こちらが百五十機の大編隊で行けば数百機を空中に待機させるといったぐあいに、こちらの数倍から十数倍の優位をほこっていた。

「見わたせば、前下方には、かがやく九七戦の翼の反射が、鉄粉をまきちらしたように、キラキラと草原に上にうかんでゆっくりすすんでいた。そして、うしろの空をふりかえると、青色のコバルトの緞帳(どんちょう)に、これまたふりかけた胡麻(ごま)粒のような味方九七戦の機影がかぞえきれぬほどながめられた。

私の部隊は、うしろあがりの大編隊のちょうどまん中あたりにいた。

『すごい！　これはすごい！　これだけ味方戦闘機がそろって行ったら、敵さん、目をまわすだろう……』

私は中隊長機の二番機の位置をたもちながら、この晴れの大進軍に参加している幸福と誇りに酔うようであった」（黒江保彦著『あ、隼戦闘隊』光人社刊）

たぐいまれな戦闘機乗りであったと同時に文章家でもあった黒江保彦氏は、九七戦の大編隊がホロンバイルの大平原の上を行く勇壮な情景を、みごとにえがきだしている。

これだけの数の九七戦があれば、勝利はうたがいなしとおもわれたが、ソ連側はそれ以上に、七百機というおどろくべき数の戦闘機をそろえて待ちかまえていた。

それにもかかわらず、勝ったのは九七戦を主力とするわが航空部隊だった。ソ連軍とのスコアはつねに十対一、つまりこちらの失った機数が三ないし四機とすれば、撃墜敵機の数は三十ないし四十機といったぐあいに、ソ連空軍の誇るイ15、イ16をよせつけなかったといわれる。

ノモンハン事件は九月十六日に停戦となったが、五月十一日から停戦までのあいだに日本軍がソ連軍にあたえた損害は、第一次および第二次あわせて約千三百機にたっした。これにたいして、わが損害は百七十一機ということになっている。

ソ連側の発表では、日本軍の損害六百六十機、ソ連側が二百七機となっている。両国の発表をくらべると、自軍の損害はほぼおなじだが、相手側にあたえた損害は日本が六倍強、ソ連が約四倍で、逆にいえば、日本はソ連の発表の六倍半を撃墜破し、ソ連は日本の発表の約四倍をやっつけたことになる。

戦争の、とくに空中戦の戦果というものは、誇大に見つもられることがおおいようだが、すくなくともソ連側の発表のように日本が空の戦いで敗れたということは考えられない。というのは、日本軍の主力が九七戦であったことから考えて、もし九七戦がそのようによわい戦闘機であったなら、パイロットたちは、これ以後あいそをつかして、もっとべつの戦闘機を要求したにちがいないからである。

ところが、実際は九七戦のすばらしさをあらためて認識したパイロットたちが、この戦闘機にますますほれこみ、次期戦闘機であるキ43を拒否して、その出現を一年ちかくも遅らせた事実からみても、ソ連側の発表が真実であったとは考えられない。したがって、地上の戦いでは一万七千人におよぶ死傷者をだして大敗を喫したが、航空戦では勝ったという定説は正しいとみてよいのではないか。

この点について、中佐当時、飛行第五九戦隊長だった今川一策少将は、私は中支にいてノモンハンに行ったのは停戦まぎわだったから、実際の戦闘は経験していないが、と前おきしてつぎのように語っている。

列線をしく九七式戦闘機。昭和13年春に中国大陸で戦闘に参加した同機は、翌年５月のノモンハン事件で大活躍をした。

「すくなくとも、前半の七月までは大勝だったとおもう。あまりこちらが強すぎるので海軍でも疑問におもってか、戦訓調査という名目で視察団を派遣してきた。ちょうどその日、空中戦があって大勝したので、なるほど、これは本当だ、と納得したということだ。

はじめのころは、こちらは精鋭ぞろいで、ソ連の方は未熟なパイロットがおおかったように思われたが、彼らは、戦闘で負けた隊は本国にかえしてしまい、かわりにもうすこしつよい隊をおくってきた。そうしてだんだんモスクワにちかい精鋭部隊がおくりこまれてくるようになり、しかも器材もどんどん改良した新しいものがやってきた。

こちらは、最初から本格的な戦争をやる気はなかったから、ずっとおなじ戦隊でやっていた。すると戦闘機隊の性格として、どうしても優秀なものから死んでいく。このため戦隊長や中隊長クラスの戦死がおおく、あたらしくやってきた指揮官では、まだ協同動作がうまくいかないから戦力が低下する。ほんとうは指揮官がかわると、戦隊なり中隊なりがしっくりいくまでには充分な時間が必要なのだが、むこうがどんどん新手をくりだしてくるので、その余裕がなかった。

器材の方も敵はどんどん改良していいものをもってくるのに、こちらはすこしも改良をしなかった。だから八月になると、こちらも苦戦するようになってきた。もっと戦闘がつづいていたら、あるいは逆転ということもおこったかも知れないが、そうならないうちに停戦になった。

どうもソ連側は、このノモンハン戦を、日本軍の実力打診と自軍の兵器の性能テストという意図をもってやっていたのではないかと思われる」

今川少将の談話で指摘されているとおり、ソ連側は戦訓をとりいれるのがはやく、器材面ではイ16の操縦席背後に防弾鋼板をつけ、戦術面では不利な単機の格闘戦をさけて、編隊による一撃離脱戦法にきりかえるなど、前半の劣勢をジリジリともりかえしつつあり、あらゆる点で日本側の見とおしは暗かったが、この年の九月に停戦協定が成立して危機にはいたらなかった。

パイロットたちの九七戦にたいする愛着は、格闘戦につよいという空中性能の特質のほか、荒地にも着陸できる頑丈さと、胴体内にも人間を収容できる緊急の際の有用性などによっても、さらにつよめられた。

　空中戦で被弾し、大火傷を負いながらパラシュート降下した第二四戦隊長松村黄次郎中佐を、草原に着陸して自分の機の胴体内に収容して救出した西原曹長の勇敢な行為は、戦争画として有名になったが、ほかにも同様な例がいくつかあった。とくに、不時着した二人を救出、一人乗りの戦闘機に三人も乗って帰還した岩瀬曹長の例などは、おそらく後にも先にも世界に例をみないのではあるまいか。

整備中の九七式戦闘機、手前は外されたカウリング。同機は荒地にも着陸できる丈夫さをもち、整備の楽な機体だった。

　航続性能も落下タンクをつければ四百五十キロくらい進攻して空戦をやり、らくにかえってくることができたし、高度一万メートルで編隊飛行が可能だった。飛行安定性もすばらしく、高空飛行の際、たまたま酸素吸入器の故障でパイロットが失神したが錐揉みにもならず、三千メートルぐらいでパイロットが意識を取りもどすまでゆっくり高度を下げながら飛んでいたという。

　脚が丈夫で離着陸も容易だったので、訓練もらくだった。整備取り扱いも簡単で、エンジン故障による不

九七式戦闘機データ（取扱説明書および審査報告書による）

主要諸元

全幅　11.310m
全長　7.529m
全高　3.280m
主翼面積　（補助翼,胴体部を含む）　18.56㎡
上反角　約7度（翼上面で）
自重　1110kg
全備重量　（常備）　1510kg
（満載）　1547kg
（落下タンク装備）　1784kg
燃　料　（常備）　280ℓ（206kg）
（満載）　330ℓ（243kg）
（落下タンク装備）　（674kg）
プロペラ　二翼固定式　直径　2.9m
重量　56kg
武装　八九式7.7ミリ機関銃×2（弾丸各500発）

エンジン

九七式　650馬力
空冷星型9気筒
圧縮比　6.7
減速比　0.6875
回転方向　飛行方向に向かって右
離昇出力　710HP／2600rpm
公称出力　610HP／2400rpm
680HP／2400rpm／高度4000m
全長×直径　1.180m×1.282m
重量　425kg

性能

高度	最大水平速度	上昇時間
1000m	427km/h	1分10秒
2000m	445km/h	2分05秒
3000m	462km/h	2分59秒
4000m	469km/h	4分04秒
5000m	468km/h	5分22秒

時着事故もほとんどなく、武装の貧弱なことと無線装備のおとっていたことを除けば、非のうちどころのない戦闘機だった。

このような九七戦の使いやすさにたいする印象があまりにもつよすぎたため、日本陸軍は、後半におけるソ連側の戦術変換や装備の改善にみられた近代空中戦法と、戦闘機のあたらしい流れを見すごすあやまちをおかしてしまった。

九七戦は、中島飛行機で試作型までふくめて二千十九機、その他をあわせて三千三百八十六機以上が生産された。九七戦の変わり型としては、座席を前後に複座にしたキ79、二式高等練習機がある。

このほか、九七戦の車輪カバーをはずした九七式戦闘練習機がかなりつかわれたが、これは第一線をしりぞいた機体を転用したもので、とくに練習機として製作されたものではない。

操縦が容易であったので、太平洋戦争末期には、未熟なパイロット用の特攻機として、二百五十キロ爆弾を搭載したかなりの数の九七戦が出撃している。

第四章　難航する次期戦闘機

中島一社に指名

これまでに軽戦と重戦という言葉がしばしばでてきた。軽戦闘機と重戦闘機の略語で、日本陸軍では、さらに中戦という言葉まであったようだ。これらの区別は、観念的にはなんとなくわかるような気もするが、いざ定義づけようとするとハタと当惑する。

陸軍航空本部で戦闘機を担当していた木村昇技師（のち転官して技術少佐）の言葉を借りると、「翼面荷重で区別しようとする人たちは、百三十（キログラム／平方メートル）くらいをめどとしていたようだが、これは常識論であって、技術的に根拠のあるものではない。水平面の旋回戦闘を前提にして論ずれば、翼面荷重が少ないほどいいにちがいない。だが、垂直面内の格闘戦を考えれば、翼面荷重がたかくとも馬力荷重（エンジン一馬力あたりの機体重量）が小さければものになる、というわけで、重、軽の区別はどうも怪しい」ということになる。

したがって、重戦、軽戦とは、当時の慣用語と考えればいいだろう。この用語には、戦闘機に乗って実際に空戦をやるパイロットと計画する側の間にも意見の相違があったようだ。

「これは余談であるが、今でも面白いと思っているのは、アメリカのパイロットたちも、重い戦闘機と軽い戦闘機のつかい方に区別をしていなかったらしい。そのために重戦の特性を生かし切れず、日本の『零戦』や『隼』のペースにまき込まれて、手ひどくたたかれたようであった。日本の軽戦思想の根づよさも、こんなところに一因があったのかもしれない。

これに反していっそう興味ぶかかったのは、ソ連であった。ノモンハン事件のソ連側の主力戦闘機はイ16だったが、無キズな一機が日本側の手に入った。これがちょうどキ44の審査中に立川に運ばれてきたので、ジックリと見ることができたが、その性能についてはキ44（のちの二式単座戦闘機「鍾馗」）の審査主任パイロットの『よくこんな飛行機に乗るなあ』といった言葉がよくあらわしている。つまり、キ44以上に重戦闘機だった。

さて、これがノモンハンでの戦闘の初期に、九七戦とドッグ・ファイティングをやったものである。思うに、戦闘訓練はどこの国でも、格闘戦闘をもって基本技倆としたのであろうか。

聞くところによると、九七戦との旋回戦闘中絶体絶命となり、ムリにまわりこんで失速し、地面に激突したイ16もあったそうだ。イ16は操縦席のうしろに防弾鋼板をつけていたが、追尾されるのを前提としていたのだろう。

九七戦はたしかに強かったが、撃墜された機体の残骸の一部をソ連側が手に入れ、軽戦の所以（ゆえん）もまた究明されたにちがいない。

けれども、ソ連の軽戦はその後ノモンハンの戦場にも、西欧の戦場にも、ついに現われることはなかった。現われたのは重戦イ16の編隊チームワークによる〝ロッテ〟一撃戦法であった。そして、九七戦は捕捉されることはあっても、アシの速いイ16を捕捉することはできなかった。

昭和十四年八月末から九月はじめ、ノモンハン事件も終わろうというころの話だが……」

木村技師はこのように指摘しているが、ノモンハンでの空中戦の結果の受け止め方は、日本とソ連とではひどくちがっていた。

この勝利に気をよくした日本側のパイロットたちは、ますます軽戦絶対の信念をかため、事件の終わりころにあらわれたソ連側の武装の強化や戦法の変化に気づかなかったわけではないが、無視してしまった。それどころかソ連側に不時着した九七戦を真似されはしないか、と本気で心配したといわれる。

企画する側、とくに技術者たちは、軽戦から重戦への移行は技術的必然から世界的趨勢(すうせい)になることを予測していたが、ノモンハンでの武勲をふりかざす威勢のいい戦闘機パイロットたちを納得させることは困難だった。

ソ連でも当然、この問題について論議はあったと思われるが、軽戦化にはやばやと見切りをつけ、重戦のまま戦法の転換をはかった。

日本陸軍では、昭和二年の九一式戦闘機いらい引きつづいて対戦闘機用の軽戦が計画され、九七戦は、十年以上にわたるわが軽戦の歴史の総決算ともいうべき傑作機だった。

翼面荷重（大きいとスピードは速いが着陸速度も早くなり、格闘性は悪くなる）九十・六キログラム／平方メートル、馬力荷重（小さいほどスピードも速く上昇力がすぐれている）二・三〇キログラム／馬力という数字は、これ以上はどういじりようもないというすぐれたバランスを示し、空力設計のよさとあいまって抜群の格闘性をしめした。

格闘性ばかりでなく、最高時速四百六十キロはイ16とほとんどかわらず、同時期の戦闘機であるドイツの重戦メッサーシュミットＭｅ109にくらべても、わずか十キロしかちがわなかった。突っこみの速さは劣ったものの、上昇力は九七戦がはるかにすぐれていた。しかも直径の大きな車輪をつけた頑丈な機体は多少の不整地でも着陸可能だった。

だから、こんな頼りがいのあるいい戦闘機に、パイロットたちがつよい愛着をもったのは当然で、それがわが陸軍の世界的な重戦化へのバスに乗りおくれる原因となったとしても、けっして彼らを責めることはできないだろう。ようするに、九七戦がよすぎたのだ。当時、もし世界戦闘機設計コンテストとでもいうべきものがあったとしたら、重、軽戦を問わずグランプリの栄冠は九七戦にあたえられただろう。

九七戦が、全陸軍航空の輿望をになって制式となった直後の昭和十二年十二月、陸軍から中島にたいし一社指名で新型戦闘機キ43（のちの隼）の試作命令がだされた。

海軍が三菱と中島の二社に、十二試艦上戦闘機（のちの零戦）の計画要求書案を提示したのが、この年の五月十九日だったから、およそ半年おくれということになる。

隼は（海軍十二試艦戦もそうだったが）、日本の戦闘機用兵思想が軽戦から重戦へうつる過渡期に遭遇したため、さまざまな設計上のまよいや制約に、技術者たちは、隼の前後の戦闘機設計とはくらべものにならないほどの苦労を味わうことになった。日本の戦闘機用兵思想の遅れとあやまちを、技術者たちが骨身をけずる苦労によってうけとめ、生みだしたのがこの隼である。

だから、隼以前の設計は、たとえば九七戦にしても、それまでの成果なり設計方針を基本として、最高のものにもっていくだけでよかったから、たとえ苦労があったにしても隼のそれに比較すれば、よほどらくであったとおもわれる。

また隼以後の鍾馗や疾風になると、明確に用兵思想の変換がおこなわれたあとだったから、比較的やりやすかったにちがいない。

九七戦の後継機として陸軍から中島に示された最高時速五百キロ以上、上昇力は五千メートルまで五分以内、戦闘行動半径四百ないし六百キロという要求は、九七戦の後継機としては当然の数字であり、エンジンの出力向上や設計技術の進歩を考えればそう困難ではなかったが、運動性は九七戦と同程度とするという一項が最大の障害となった。

最高速度を向上させるためには、必然的により大出力（したがって重くなる）のエンジンをつかうことになる。しかも戦闘行動半径の要求は九七戦のほぼ二倍となり、エンジン出力の向上にともなう燃料消費量の増加を考えると、燃料の目方だけでも倍以上にふえる。重量がふえれば、翼面荷重を九七戦と同程度におさえようとすると主翼面積をふやさなければならない。このためにさらに重量がふえ、馬力荷重が大きくなって速度、上昇力ともに低下する。より大型になった機体はどうしても旋回性がわるくなり、とても要求をみたすことはできない。

ようするに、格闘戦で九七戦に勝てるようにするためには、機体重量がふえる要因はいっさいすて、極力かるくして翼面荷重も馬力荷重もより小さいものとする以外にない。

こんなことは、実機をつくるまでもなく、机上の基礎設計の段階でわかることだったが、九七戦を絶対信奉する用兵者側を納得させることは、この時期にはできない相談だったのである。

こうした矛盾のほかに、武装の要求が七・七ミリ機関銃二梃というのも納得できかねることだった。世界の戦闘機が重武装化の傾向にあるのに、第一次大戦いらいの七・七ミリ機関銃では、敵に有効な打撃をあたえるのに力不足になっていたからである。七・七ミリでは、よほど接近し、ねらいすまして撃たなければ敵をおとすことはできない。地上でいえば、狙撃兵のような性格の戦闘機になってしまう。

海軍の十二試艦戦（のちの零戦）が二十ミリ機関砲搭載を要求されていたのにたいし、あまりにも武装が貧弱すぎた。陸軍の航空用機関砲の開発が海軍にくらべておとっていたことも、見のがせない原因だったろう。

これについて、今川一策少将は、つぎのような見解をのべている。

「陸軍には、砲兵工廠という〝大地主〟ががんばっていたからだ。なにしろ、三八式歩兵銃（明治三十八年制式）を第二次大戦でつかっていたのをみてもわかるように、耐久性第一と考えていた。

私は、飛行機なんてものは、十年も二十年ももつものではないから、機銃だって一定期間保証されればよい、飛行機の寿命からすれば、機銃などは消耗品と考えてよいのではないか、と主張したがわかってくれない。

なにしろ、当時の航空技術研究所のお偉方は、ほとんど砲兵出身者でしめられていたからどうしようもなかった」

すでに古くなった過去の大砲の知識をもって、最新の航空機関銃（または砲）を理解しようとしても、これはムリな相談だったかもしれない。

陸軍のパイロットたちが、軽戦による格闘戦至上主義からぬけきれなかったことも、大口径機銃の発達をおくらせた原因のひとつである。かつての旧式な戦闘機同士の単機戦闘なら七・七ミリ二梃でもなんとかなったが、スピードも防弾設備もグンと向上した近代的戦闘機や大型機にたいしては、効果はうすかった。のちに隼が大型のB17やB24ばかりでなく、双発のブリストル・ブレニム爆撃機ですら撃墜に手こずったのは、このためである。

いずれにせよ、設計のまとめをやる小山にとって陸軍からだされた要求は矛盾だらけの内容で、このままでは実現の見込みはまったくたたなかった。

このとき小山は、三十代のなかばをようやくすぎたばかりの心技ともに充実した働きざかりで、若手の太田稔、青木邦弘、糸川英夫技師らに命じて、基礎設計をやらせてみた。唯一の希望は、当時、荻窪工場で開発されたばかりの一千馬力級エンジン「ハ二五」だった。

重戦か、軽戦か

より大出力のエンジンを積み、航続距離ものばすとなると、いきおい機体の寸法は大きくなり、重量はふえる。胴体は九七戦より一メートル以上もながく、主翼面積も増大し、重量は五十パーセント以上もふえる計算結果が出た。これでは九七戦よりずっと大型で運動性のにぶい長距離戦闘機になってしまう。

そのうえ、格闘戦絶対を信奉する現地部隊では「九七戦をしのぐような戦闘機はできっこない」といった空気がつよい、といううわさもながれてきて、設計者たちの気分を味気(あじけ)ないものにした。

もうひとつ意気のあがらない原因は、この試作番号キ43から競争試作制度が廃止されて、中島一社の単独試作となったことである。この結果、他社の、あるいは全世界の戦闘機を目標に設計するというより、自分たちが先に設計した九七戦が競争相手になるという、皮肉なめぐりあわせとなってしまった。

構造的には、とくに問題はなかったので製作図はどんどんすすんだが、このあいだにも、たえずおこってくる九七戦よりすぐれたものができるか、という疑問は小山をはじめ設計者たちの頭を悩ませた。

機体担当の主任（他社の設計主務者に相当する）は入社四年目の若い太田技師、これに構造設計の青木邦弘、空力担当の糸川英夫といった、いずれも二十代の若手技師たちが協力し、図工や女子トレーサーまでふくめて二十人ほどが設計メンバーだった。

構造的には九七戦を基準にしたが、競争試作に勝つため、工作上かなり手間のかかる重量軽減をやった九七戦のようなことはしたくなかった。太田技師は、生産性、つまりつくりやすさを重量軽減とおなじくらい重視し、めんどうな肉ぬきはやらないことにした。また、エンジンも強力なものを積み、九七戦よりはるかにたかい航続性能を要求されているキ43は、機体の強度もかなりたかくする必要があった。

ところが九七戦の成功の原因は、七十〜八十キログラム/平方メートルという低翼面荷重にある、とおもいこんでいた陸軍関係者たちは、キ43にたいして翼面荷重を八十五キログラム/平方メートル以上にしてはならない、という設計内容にまでたちいった要求をおしつけようとした。

考えてもみるがよい。要求性能をみたすために五十パーセントもふえた重量で、九七戦と同程度の翼面荷重におさえるためには、主翼面積はひじょうに大きくなる。そのためにさらに重量は増加し、しかも空気抵抗は増大して速度増加をはばむから、速度は九七戦程度にとどまってしまうだろう。

それならば、なにを苦しんで引込脚や可変ピッチ・プロペラを採用し、大きなエンジンを積む必要があるのか。九七戦とおなじ固定脚、固定ピッチにした方がよいのではないか。

このような困惑と堂々めぐりになやまされながらも、キ43はちょうど一年後の昭和十三年

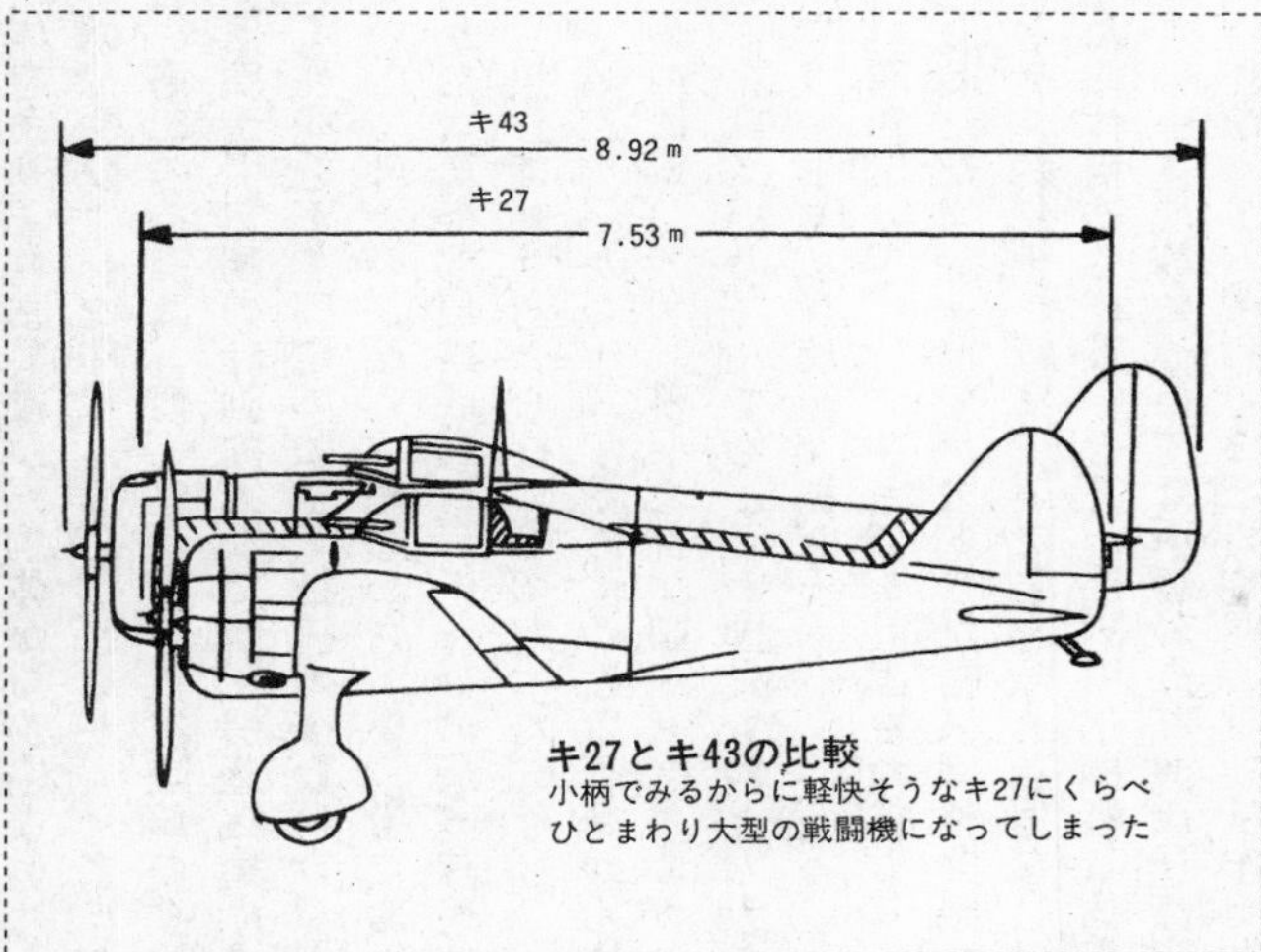

キ27とキ43の比較
小柄でみるからに軽快そうなキ27にくらべ
ひとまわり大型の戦闘機になってしまった

末に完成した。それは同じような性格の海軍の三菱十二試艦戦の試作一号機より三ヵ月早かった。なお、中島は計画段階で海軍十二試の競争試作をおりていた。

初のテスト飛行の日がきた。飛行場に引き出され、はじめて白日のもとで見るキ43は、さすがに新鋭機らしいいくつかの特徴をしめしていた。

その第一は、やや頭でっかちで胴体のみじかい九七戦にくらべ、ほっそりとスマートな外観だった。キ43に装備されたハ二五（海軍名「栄」）発動機は、九七戦用のハ一乙にくらべて出力は三百馬力ちかくも向上していながら、直径は十八センチも小さかった。当然のことながら正面面積あたりの出力はハ一乙の一平方メートルあたり五百三十二馬力にたいして千二十五馬力と、二倍近い数字を示した。この直径の小さなエンジンに合わせて胴体をギリギリまで絞り、胴体がながくなったところから八頭身美人型となったわけだが、反面ややひよわな印象もまぬがれなかったようだ。

第二の特徴は、何といっても日本陸軍の戦闘機としては初の引込脚だった。これまでにも何度か引込脚の計画はあったが、引込機構に自信がなかったことと、機構上の重量増加による性能低下で固定脚に空気抵抗の少ないカバーをつけた場合と、性能的にたいしてかわらないのではないかという懸念から、いつもたち消えになっていた。事実、九七戦四百六十キロ、九七式司令部偵察機四百八十キロの最高時速は、当時の諸外国の引込脚式単葉機にくらべても決してヒケをとらないものだった。

昭和十年から十二年ごろにかけて、さかんに輸入された外国のサンプル機の中にはハインケルHe70、ユンカースJu160、セヴァスキー2PAなど低翼単葉引込脚の機体も何機かふくまれていた。中でも、わが国にもっとも大きな影響を与えたのは、アメリカのチャンス・ヴォートV143単座戦闘機だろう。

昭和十二年、つまりキ43が計画されるより一年以上も前に陸軍が研究用として買い入れたものだが、陸海軍でテストした結果は格闘戦で陸軍九七戦、海軍九六艦戦に劣り、スピードが時速約二十キロまさることを除き魅力なしと判定した。だが、この戦闘機に用いられていた機体構造や艤装、とりわけ脚引込機構は技術者たちに多くのヒントをあたえた。

脚引込機構については中島の海軍機設計部門によって、さっそく九七式艦上攻撃機にとりいれたほか、キ43とほぼ同時期に設計試作が進行していた海軍の十二試艦上戦闘機（のちの零戦）の脚も同じ方法で計画されていた。

こうしたことからキ43の引込脚の採用については最初から異存のないところで、その機構はほとんどヴォートV143とおなじものだった。車輪を主翼の前桁より前におさめるために、胴体との結合部分の翼前縁をわずかにふくらませた点もそっくりで、ちがうのは前桁への影響をさけるために脚柱をやや前傾させて引っこむようにした点くらいだろう。海軍の零戦は前桁の位置の関係から翼前縁部のスペースが充分にあったので、キ43よりすんなりおさまっているが、基本をV143にとったことにはかわらない。

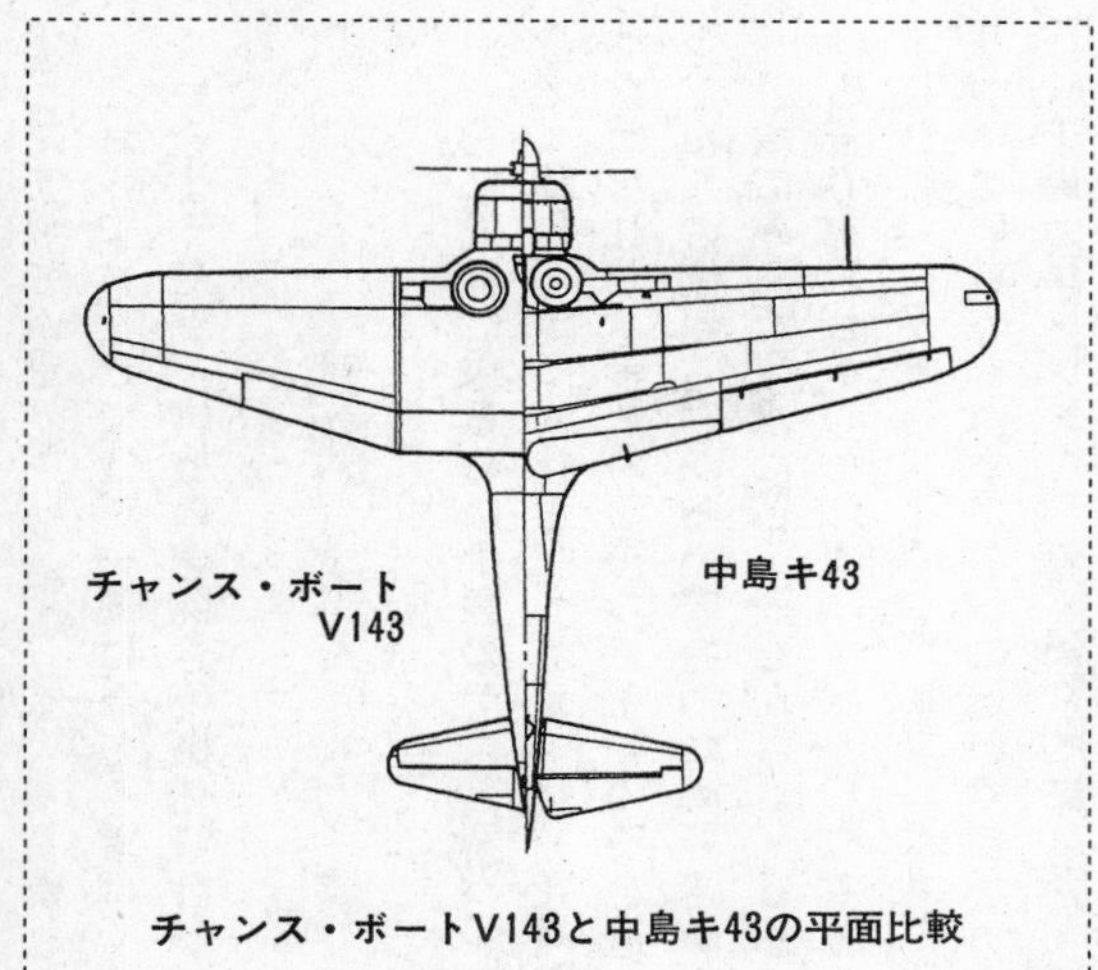

チャンス・ボートV143と中島キ43の平面比較

キ43に採用された風防（キャノピー）も凝（こ）ったものだった。全体が曲面ガラスでおおわれた水滴型で、三つの部分にわかれた風防は、スライドする第二風防が、固定された第三風防の内側に収納されるようになっていた。

垂直尾翼は水平尾翼より前にあり、形もあとの量産型とちがい、胴体尾部は零戦のように尖(とが)っていた。

なお、アメリカでは、一部に今でも零戦や隼がV143のコピーであるという説が根強く残っているようだが、脚機構を除き、機体設計がまったく別物であることはいうまでもない。

試作機は飛んだが

キ43に最初に乗るのは中島のテスト・パイロット四ノ宮清操縦士。陸軍所沢飛行学校の出身で、昭和三年に入社したベテランだ。数回のジャンピング・テストののち、かるがると大地をはなれた。緊張の面持ちでキ43の姿を追っていた小山をはじめ太田機体主任以下のスタッフたちの間から、かるい安堵のためいきがもれた。

矛盾にみちた要求に苦しみながらも、なんとか初飛行にこぎつけたよろこびは、過程における苦労がおおかっただけに、ひとしおであったろう。

しかし、処女飛行のよろこびのなかにも、小山には割りきれぬなにかが、頭のなかにこびりついているのをぬぐいさることができなかった。

一千馬力エンジンをつみ、構造的には九七戦をさらに洗練したうえ、近代的な引込脚を採用してはいるが、設計思想としては中途半端だった。九七戦の延長ではなく、九七戦とは別のものになっていながら、それから脱却していないのだ。

設計者たちは、格闘性を追求するかぎり九七戦が世界最高のものであることをよく知っていた。だから、九七戦の性能になにかをプラスするとすれば、いきおい運動性は低下せざるをえない。ところが、陸軍がそれを要求する以上は、なんとかその要求にこたえなければならないというジレンマがあった。

小山たちキ43関係者たちにとって、初飛行のこの日から、これまでに倍する苦労がはじまることになるのだが、彼らは空にうかんだキ43のスマートな姿に、ひとまずやすらぎをおぼえた。

たいへん奇妙なことではあるが、誕生したキ43の性能向上の努力は、諸外国の戦闘機や爆撃機に勝つためではなく、運動性においていかに九七戦をしのぐかに集中された、といっても過言ではない。

より近代的な戦闘機への脱皮をめざす一方で、古い戦闘機の特性にもあわせようとすれば、どっちつかずの性格になってしまうことは、わかりきっていた。それでも技術者たちは不可能を可能にする方法をみつけだそうと、あらゆる努力をはらった。

まず、なにをおいても、重量軽減は絶対に必要であった。エンジンは九七戦にくらべて、三百馬力ちかくも大きい新鋭の八二五（のちの「栄」と同型）を積んだので、パワーには余裕がある。だが、このパワーを有効に生かすためには、直径の大きなプロペラをつかわねばならない。

しかし、少しでも重量増加をふせぐために、みじかいプロペラをつかうことにきめた。これには、九七戦との共用も考えたうえでプロペラ直径は二・九メートルとなり、必要なスラストをかせぐためにはプロペラ効率を犠牲にし、回転をあげてつかうことにした。

このため、いくらかの重量軽減とひきかえに、ほかの性能、とくに上昇力の低下をまぬがれなかった。これらはすべて九七戦、かつて自分たちがつくりあげた最高の目標になんとかちかづこうとする努力にほかならなかった。

試作一号機につづいて昭和十四年三月中に三号機までつくられたが、一千馬力エンジンをつみながら期待された最高速度は九七戦とあまりかわらず、大型であるだけに運動性はにぶく、テスト結果はどれも変わりばえしなかった。

「サッパリだな、引込脚の効果なんて」

「引っこめた脚がアシをひっぱっているんじゃないかね」

あまりの不甲斐なさに、ヤケっぱちな冗談を言いたくなるほどだった。引込脚の採用による空気抵抗の減少と重量増加が性能におよぼす功罪については九七戦のころから論議の的だったが、ここではからずもぶりかえした感があった。

そのうえ、はじめての経験とあって引込機構がスムーズにはたらかず、完全にひっこまなかったり出ないことがしばしばあった。こころえた林操縦士は離陸直後に機体を横すべりさせておさめたり、空中ではげしいGをかけて出ない脚を強引にひっぱり出したりした。こんなときは後がたいへんで、降りてきた飛行機の主翼をジャッキで持ち上げて機体を浮かせ、脚柱にロープをつけて左右から交互にひっぱって脚の軸と軸受部とのスリ合わせをやらなければならない。二人がかりで、「ヨイショ、ヨイショ」とかけ声をかけてやるのだが、口さがない連中から「何だ、また御神輿をやってるのかい」とひやかされる始末に、当の担当者たちですらうんざりすることがあった。
(これは軸受にプレーン・ベアリングをつかっていたため接触抵抗が大きく、離陸の際の強い風圧でこじられてまわりにくかったためで、のちに軸受もニードルローラー・ベアリングにかえてからは、ほとんどこの種の故障はなくなった)

そんなところへ、キ43にとっては降ってわいたような災難(?)——ノモンハン事件の勃発で、九七戦の大活躍が報ぜられた。クルクルとよくまわる九七戦が、イ15、イ16などのソ連戦闘機を圧倒したのだ。

この年の暮れに審査専門の飛行実験部ができるまでは、試作機の採否の実権は各飛行学校がにぎっていた。戦闘機については明野飛行学校で、その明野にはノモンハンで九七戦の優秀さを身をもって体験した人たちが教官をやっていたから、持ちこまれたキ43にたいする評価はさんざんだった。

そこで打開策として二つの案が出された。

第一案　脚を九七戦のようなカバー付の固定式とし、翼幅をちぢめて横方向の操縦性を良くし、極力重量軽減をはかって格闘性能を向上される。

第二案　脚は引込式のままとし、速度性能を向上させる。

この二案にもとづき、六、七号機および八、九号機がそれぞれ改造されたが、結果は、第一案機は旋回性はいいが最高速度わずか四百四十三キロで九七戦より後退、第二案機は約五百キロを出したが、旋回性がわるく、結局はどちらも総合して九七戦におよばないという判定となった。

これより先、中島の設計部空力班の糸川英夫技師は、将来の戦闘機の高速化と格闘性を両立させる方法として空戦時にフラップをつかうことを研究していた。彼は九七戦の前身であるPE実験機にこの装置をとりつけ、社内のテストでかなりの成算を得た。そこで、気乗りうすな陸軍のパイロットにたのみこんでテストすると、なんと九七戦の半分にちかい小さな旋回半径でまわることができた。

形が似ているところから「蝶型フラップ」とよばれたこの空戦フラップは本来、高速機用として考えられたもので、キ43にややおくれて設計が進行していた六百キロ級の高速戦闘機キ44には、最初から採用が予定されていた。

第一と第二の両案をくらべたとき、第一案はまったく問題にならないので、速度にまさる第二案による機体のファウラー・フラップを、空戦フラップとしてつかえるよう小改造を加えて明野にもちこんだ。

テストの結果は旋回性が改善され、かなり急激に操縦桿をひっぱっても失速せずに九七戦についてまわれることがわかった。しかし、より大型で重量もあるキ43は、おなじ旋回半径でまわろうとすると舵はおのずから重くなる。

これが九一戦いらい、かるい鋭敏な舵の感覚が身についてしまった戦闘機パイロットたちの根づよい拒否反応をよび、キ43は落第、別の次期戦闘機ができるまでは九七戦で間に合わせようという意見が大勢を決してしまった。誰もがソッポをむき、キ43に熱意をもちつづけて取り組んでいるのは会社側のテスト・パイロットの林操縦士と陸軍側担当者の土屋技師の二人だけというさびしい有様となったが、なおも中島の技術者たちはあきらめなかった。

プロペラを固定式から可変ピッチにかえ、さらに重量軽減や洗練化を徹底し、主翼面積をかえてみるなど、彼らは、ともすればくじけそうな気持にむちうって、ありとあらゆる可能な方法を、おどろくべき辛抱づよさで、つぎつぎにこころみた。

いっぽう、荻窪で二段式過給器をつけた新しいエンジンを試作させ、五号機と十三号機にとりつけてテストを開始した。

このような努力にもかかわらず、たいして目だった効果はあがらず、技術者たちの胸には、しだいにあせりと絶望感がよぎりはじめた。あげくのはては、もう一度、初心にかえって検討してみようということで、九七戦の一機をつかって徹底的に重量軽減をやってみた。

八十キログラムも目方を減らし、まるで団扇(うちわ)のような幅ひろの木製プロペラをとりつけたキ27もどきの試作機には、奇妙にもキ43一型の名称があたえられたが、これとて完成の極にあったキ27の原型には、およぶべくもなかった。

重戦キ44

こうして九七戦のかがやかしい活躍と、キ43試作機の不評という明暗にあけくれた昭和十四年は、あわただしい国際情勢の動きとともに過ぎたが、ノモンハン事件勃発直後のこの年六月、小山は技師長に昇格し、陸軍機全般を見る立場に変わった。

中島飛行機も創業いらい二十年を過ぎ、会社も成長につぐ成長をとげ、若手の優秀な技術者たちを積極的に採用して組織も大きくなった。その技術集団の頂点に小山は立つことになったわけだが、そんなことよりこの時点での小山の最大の関心事は、壁につきあたった感のあるキ43の前途をどう打開するかにあった。

技師長になった小山は、キ43の経過を見ながら、この飛行機が格闘戦で九七戦をしのぐことが不可能であることをさとった。そしてこのままでは陸軍側が要求をかえないかぎり制式採用ののぞみはなく、せっかくの苦心作が役立たずになってしまうおそれがあった。そして若い技術者たちが技術上の矛盾に苦しみ、世界の動向に反して九七戦を追って苦労することでやる気をなくしてしまうことをおそれた。

そこで小山は、設計作業の重点をキ43より少しおくれてスタートしたキ44に移した。

こちらの方はキ43のように格闘戦で九七戦に勝たなければならないといった制約がなく、もっぱら高速をねらった機体だったから、設計はスムーズに進んだ。小山の指揮のもとに森設計部長、糸川英夫技師、それに内田政太郎技師らが加わって、設計は急ピッチですすめられた。翼面荷重も思いきって大きくとり、最高速度は当時のレベルより二百キロ以上まわる六百キロ台をねらうことにした。速度より格闘性を重視し、少しでも翼面荷重を低くおさえようと苦慮していた設計者たちにとって、このねらいは胸のつかえが一時におりたような気

格闘性を考慮せず、高速力を追求して誕生した中島の戦闘機「鍾馗」(キ44)。世界の戦闘機の趨勢は重戦へと移っていった。

持だったにちがいない。

だが、基礎設計仕様の決定には意外に時間がかかった。速度優先とはいいながらも、やはり従来の格闘性にたいする陸軍戦闘機パイロットたちのつよい未練を無視するわけにはいかなかったからだ。この相反する二つの条件をみたすため、空力班の糸川技師が主となってフラップを空中戦闘時につかう研究がすすめられたのだ。

高翼面荷重の戦闘機で、しかも空戦性能を低下させない方法としての空戦フラップは、それまでにも、おおくの設計者たちが考えた問題だった。

しかし、離着陸時とはいろいろ条件のちがう空戦時に、もっとも適したフラップ角度をつかうこと、そしてその作動機構をどうするかなどの点で、これまで実用化されたことはなかった。

糸川は、各種飛行状態における最良のフラップ角度を見いだすため、系統的な基礎研究をおこなった。この結果、離陸時二十度、着陸時四十五度、そして空戦時には十五〜二十度が最適フラップ角度であることがわかった。

さらに、フラップ作動は油圧とし、操縦桿の上の押しボタンによって簡単に作動するようにした。基本的にはロッキードのファウラー・フラップの発展型といえるが、はるかに巧妙な構造をもち、効果もすばらしいものだった。その形が蝶(ちょう)の内羽根に似ているところから、蝶型フラップとよばれた。

少しあとのことになるが、昭和十六年の秋、ちょうど制式になったばかりのキ43による機種改変が飛行第五九、第六四の両戦隊にたいしておこなわれているころ、まだテスト中のキ44も部隊編成し、テストをつづけながら戦力化する、という方針がきまった。

審査主任の坂川敏雄少佐を隊長とし、神保進大尉、黒江保彦大尉ら、そうそうたるメンバーによって、たった九機の独立飛行第四七中隊が生まれたのは、太平洋戦争のはじまるわずか一週間前、十一月三十日だった。

ただちに青木部隊に編入され、開戦と同時にマレー、シンガポール、パレンバン、ビルマと目まぐるしく転戦したが、昭和十七年(一九四二)四月十八日のドーリットル中佐のひきいるB25ミッチェル爆撃隊による東京空襲のとき、邀撃できる防空戦闘機がなかったのに気づいた軍は、首都防衛のため急遽、キ44部隊をよびもどした。

試作機のまま実戦に参加していたキ44は、この年の九月に制式採用がきまり、二式単座戦闘機「鍾馗」と命名された(二式戦闘機には複座の「屠龍(とりゅう)」があったので、「鍾馗」の呼称には〝単座〟の語がついている)。

総生産機数は、試作機、一型、二型および三型あわせて千二百二十五機が生産されたが、太平洋戦争初期の独立飛行第四七中隊の活躍と、末期の本土防空戦をのぞけば、あまりはなばなしい活躍の場はなかった。

「その快速とダッシュのすばらしさは、『隼』とはまったく対照的な性格をもっていたが、航続力の小さいことと、なんとなく搭乗すること自体に不安がつきまとう操縦性の特異さ——本質的に小さな翼がささえる機体重量とのアンバランス、すなわち翼面荷重が大きいことからくるムリ——が、格闘戦になったら不利であろうという心配を生みだして、腕前に自信のない搭乗員はなじめなかった」

九七戦、キ43、そしてキ44によって、いずれも実戦を経験した名パイロット、黒江保彦少佐はキ44を評していみじくもこう語っているが、着陸速度がはやい点をのぞけば、それまでの九七戦やキ43にあきたらなかった若く進歩的なパイロットたちには、絶対的な支持を得ていた。彼らにとっては、このむずかしいといわれる戦闘機を乗りこなすことが、ひとつの誇りですらあったようだ。

第五章　一式戦闘機

飛行実験部の新設

昭和七年（一九三二）ころのはなしだが、満州から陸軍航空本部技術部飛行班長として赴任してきた今川一策少佐は、妙なことに気がついた。軍が民間企業に命じてつくらせた新しい器材が、いくつもほったらかしにされているのだ。パイロットとして、ぜひほしいとおもっていた低圧タイヤや雪橇（ぞり）などが、ほとんど手つかずになっているのを見て、これはいったいどうしたことか、といぶかしくおもった。

当時、これらの試作機や器材の審査は、陸軍航空技術研究所の飛行課でやることになっていた。ところが、ここでは悪いところをなおしたり改善したりするが、採用の決定はしなかった。

技研（航空技術研究所の略）で審査の終わった飛行機や器材は、それぞれの実施学校におくられて、ふたたび審査をうけ、そこでパスしなければ制式採用にならないしくみになっていた。

その区分は、戦闘機―明野、偵察機―下志津、爆撃機―浜松、その他―所沢となっていたが、これらの実施学校で実験やテストをするのはたいてい若いパイロットたちで、好奇心の旺盛な彼らは、最初は熱心にとりくむが、中途半端におわりがちで、制式にもならず、なんとはなしに見すてられてしまうものが、おおかったのである。

まして、機体のような派手さのない低圧タイヤとか雪橇などの実験に熱をいれるものは、すくなかった。

なお、その原因をさぐってみると、予算がない、という返事がかえってきた。実験研究費の予算をつかってしまうと、あとは演習費の名目でやらなければならない。だが演習費となると出張旅費が安いから、技手とか工員など実際に作業をやる人たちが行きたがらない。いきおい、今川は自分が先頭にたってやらざるをえなかった。

昭和九年、陸軍では陸式カタパルト、つまりせまい飛行場から離陸させる手段として、陸上でカタパルト発射の実験をやってみようということになった。ところがだれもカタパルト発射の経験者はいない。「それでは、おれがやってみよう」と今川少佐は、いとも気がるに海軍の佐世保軍港にとんだ。ここに停泊していた重巡洋艦「羽黒」をたずね、水上機に乗ってカタパルト射出を体験した。これには海軍の人たちもおどろいた。

「今川さん、失礼ですが何歳におなりですか」

「四十二歳です」

「ほう、海軍では三十八歳になるとカタパルト発射はやらないことになっているのですが」

そんなことがあった翌年の昭和十年、陸軍は大がかりな海外航空技術調査団を派遣したが、今川も手腕をかわれて一員として参加した。訪問国はドイツ、ポーランド、イギリス、フランス、イタリア、アメリカなどで、それぞれの国に一ヵ月間、アメリカは三ヵ月間という入念な調査だった。

このとき、調査団がもっていった金が当時の三百万円。戦闘機が百機ぐらい買える金額だから、いまの金になおせば、数十億円ということになるかもしれない。今川は、アメリカでカーチス・ホーク戦闘機を一機買った。

八ヵ月におよぶこの偵察旅行は、今川にいろいろの示唆(しさ)をあたえた。

今川がとくに関心を持ったのは、なんといっても彼が担当していた飛行実験関係の組織や運用だった。外国では、試作機の実用試験のための特殊部隊があり、制式化までのいっさいの権限と責任をもっていることを知った今川は帰国後、日本でもこの方式を採用して実験機関は独立すべきであることを力説した報告書を、航空本部に提出した。

それまでのわが国のやり方は、前にのべたように軍の担当技術者とテスト・パイロットが基礎的な審査をやり、それがおわると機体は、すぐに各飛行学校にまわされる。そこで二、三ヵ月の実用テストを行なう。その結果をまって制式機とし、量産と各部隊への配属が決まる。つまり基本審査をやる技研側には、制式にするかどうかの判断の権限はなく、その鍵(かぎ)は各飛行学校がにぎっていた。

ところが、学校というのは、あくまでも教育訓練の場であり、学生たちの訓練の片手間に教官がテストするのだから、あたらしい試作機の真価をつかむのはむずかしいし、テストのやり方だってなっていない。一定の手順や基準が決まっているわけではなく、もっぱら個人的手法にゆだねられていたから評価はとかく片寄ったものになりがちだった。従来機との感覚的な比較で「この飛行機は乗りにくい」とか「ここが悪い、あそこを直せ」と主観的な注文をつけ、そのうちに飽きがくると、なんとなしに見すててしまうことが多かった。

これとは別に、これらの学校や実施部隊から技研に対する批判の声もあった。「テストを担当する技研の飛行課のパイロットはベテランばかりだが、自分たちのところは上手から下手なのまで操縦技倆はまちまちだ。そこへベテラン・パイロットばかりによる実験結果を押しつけられても、とても消化しきれない。性能ばかり良くても、使いこなせないようなものは実戦の役に立たない」というもので、いずれにしてもこのままではまずいことは明らかだった。

今川報告がみのったせいかどうかはわからないが、昭和十四年末、陸軍航空技術研究所の組織が拡大されたとき、飛行実験関係が航技研から分離され、飛行審査専門の飛行実験部となって航空本部に属することになった。そして、翌十五年には航空技術研究所で研究・設計した機体や発動機の試作および製作機関として航空工廠があらたに航本の管轄下に加わった。試作機の契約関係はそれまで航空本部でおこなっていたものが技研に移り、試作にかんする実権はまったく技研がにぎることになった。

以後、昭和十七年十月の航本および技研の大編成がえまでは、この組織で運営されることになったが、試作機の審査行政が技研と飛行実験部の二本立てとなった点について、当時技研所員だった木村昇技師は、つぎのように語っている。

「新機種が第一線部隊に支給されると、さっそく故障の頻発、性能の低下などが非難の的となり、これは技研での審査が不充分なことが原因だといわれた。そこで技研としては、別個に実用試験を行なう機関が必要だという考えを抱くようになった。

当時、技研での飛行審査期間は、たいてい三ヵ月から半年ぐらいだったが、試作機体と試作エンジン、試作計器などの総合体である試作機は、故障の続出と改修要求過多のために充分なテストができなかったのは当然だった。

それにもかかわらず、不充分なテストのため、故障の原因などは徹底した追求が行なわれることなく、机上の検定によって対策を講ずるだけだった。新機種出現の強い要望に押され、審査はますます上すべりさせられる傾向を生じた。

本来、飛行実験部は、こうした欠点を矯正するために生まれたはずだったが、用兵者（軍人）を主として、技術者らしい者をすこしも加えようとはしなかった。パイロットは飛行実験の実行者であり、貴重な参考資料の収集者でこそあれ、彼らは決して技術者ではなかった。

したがって審査は二部門にわかれたが、審査の実体はこれまでとたいしてかわらず、かえって会社は技研、審査部の両方からの改修指示に右往左往させられることになった。

やはり飛行実験部は技研の下におくべきだったし、飛行機の実用の可否をパイロットの主観にのみ頼るべきではなかった。もっと純技術的に飛行機を規定すべきだった」

つまり、今川がレポートで主張したように、飛行審査の実権を飛行学校からとりあげて、専門の審査機関である飛行実験部ができたのは、ひとつの進歩だったが、新機種採否の権限が軍人主導型である点はかわらず、組織の二分化がかえって試作を混乱させる弊害を生じたことは、結果的にマイナスであったかもしれない。

紙の上では一見りっぱに思われる組織も、実際には細部組織や運用者の人員構成によって、その性格や効果はガラリとかわる。完璧な組織などありえないが、反面、組織図の線の引き方ひとつで効果がまったくちがうこともありうる。技研から審査部門を分離したのは、どうやら組織運営上の純技術的な観点からではなく、技研の権限があまり大きくなりすぎたからこれにブレーキをかけるという、役所間の縄ばりの調整的な意図があったのではないか。

さて、飛行実験部ができた昭和十四年末、戦闘機の飛行第五九戦隊長として中支の前線にいた今川一策中佐は、とつぜん東京に呼びもどされた。そこで新設の飛行実験部の実験隊長をやれといわれた今川は、面くらって聞きかえした。

「その、実験部って、何をやるところですか？」

「さあ、それは貴公自身が決めることだよ」

相手はそう言ってニヤリとしただけで、一向に取り合ってくれない。そこで今川は、三年前に欧米の視察から帰ったとき、実験機関を独立させるべきだという意見具申をしたことを思い出した。

実戦部隊勤務ですっかり忘れていた彼の持論が思いがけなく実現し、しかもその初代の隊長にえらばれたことを知った今川は、やや戸惑いをおぼえながらも少しばかり晴れがましい気持だった。

だが、いざ仕事をはじめる段になると、いったい何から手をつけたらいいのか見当もつかず、えらいことを引き受けてしまったものだ、といささか後悔しないでもなかった。

見なおされたキ43

昭和十五年四月になると、福生(ふっさ)に実験部のための設備も完成し、メンバーも充実してきた。定員数はきめられていたが、メンバーの選択は一任されていたので、今川はかねてから目をつけていたこれはとおもうパイロットを、かたっぱしからあつめた。

今川のもとには、山本、石川、甘粕(あまかす)、秋田、横山、森本、岩橋、竹下ら、いずれも部隊長クラスの将校パイロットのほか、下士官からも抜群の技倆をもった者ばかりがあつまった。

有能な人材をあつめる一方、パイロットの技倆維持のため、現用機をひととおりあつめたほか、試作あるいは実験中の機体は、すでに不合格になったものも全部もってこさせた。

このなかには、格闘戦をやって九七戦に勝てないから、と明野で落第と判定されていたキ43も三機ふくまれていた。今川は陸軍航空の中では草分け的な存在であっただけでなく戦闘機についてもくわしく、航空についての認識が比較的低かった陸軍部内では、坂口芳太郎少将とともに貴重な存在だった。また、とかく格式ばったことの好きな頭のかたい陸軍軍人の中にあって、彼の柔軟なものの考え方は異色であったともいえる。

　今川が実験隊長に着任する前に戦隊長をやっていた第五九戦隊は、いちばんはやく九七戦を装備した戦隊で、かれはその優秀さを充分に経験して知りつくしていた。だが今川はさすがに指揮官として冷静な判断力をもっていたし、外国視察によってえたひろい視野からも、ほかのパイロットたちほど九七戦の魔力に惑わされてはいなかった。

世界最高の格闘性を誇る九七戦にかわる一式戦闘機隼一型甲(キ43)。採用にあたっては太平洋戦争での戦術が左右した。

　実験隊長に就任して、キ43について、いろいろのデータを検討してみたところ、九七戦より欲ばった性能を要求しておきながら、九七戦とおなじ尺度で評価しようとしている矛盾に気づいた。

　九七戦は旋回性能のよいことが取柄だが、これからの戦闘機としては、明らかに速度や航続力などの点で不充分である。ところが、キ43はそのいずれの点でも、九七戦をうわまわり、わずかに旋回性能がおとるだけではないか。

　今川は、キ43が近代的戦闘機として、充分な素質をもっていることを証明することが、落第の烙印をおされたこの戦闘機を生きかえらせる近道と考えた。そこで、スタッフがそろったところで、一つの課題をだした。

「キ43をもっと研究しろ、それには落下式予備燃料タンクをつけて何時間飛べるか、また九七戦と空戦をやって勝つ方法をみつけろ」というもので、航続時間の方は石川正大尉（のち中佐）、九七戦との空戦は山本五郎少佐（のち中佐）が担当することになった。

ちょうどこのころ、海軍の零戦が中国戦線に出現し、重慶攻撃で大戦果をあげた話をきいた今川は、さっそく零戦を見に海軍の横須賀航空隊に行った。エンジンもおなじ、機体の大きさや構造もほとんどキ43とちがわない零戦を見て、落下タンクさえつければ、おなじようにつかえるはずだと今川は感じ、自分の見とおしが誤っていないという確信をえた。

はたせるかな、今川の命をうけた石川、山本の二人は、期待を裏切らなかった。

石川大尉は、エンジンのスロットル開度をかえ、ブースト圧をかえ、最適燃料消費条件を見つけるため奮闘した。窮屈な操縦席内で、かたいシートに尻がいたくなるのと生理現象の処理に苦労しながら連日飛びつづけ、七時間、八時間と少しずつ記録をのばし、ついに十時間をこえることに成功した。これは巡航速度で換算すると優に一千キロ以上を往復できるという単座戦闘機としての大記録であった。

ただひたすら空に浮かんで飛びつづける石川にたいし、山本少佐のほうは猛烈なG（加速度の単位）のかかる空戦実験に明け暮れた。陸軍における戦闘訓練はルールが決まっており、上位、同位、劣位からの旋回戦闘が主体で、それも水平面、つまり横にグルグルまわる戦闘だった。こうした約束ごとの戦闘をやるかぎり、馬力荷重がおなじで翼面荷重の大きいキ43

が勝てるはずがない。

だが、山本にあたえられた課題は、どんな方法にせよ勝つ手段の発見だから、ルールにとらわれる必要はなかった。

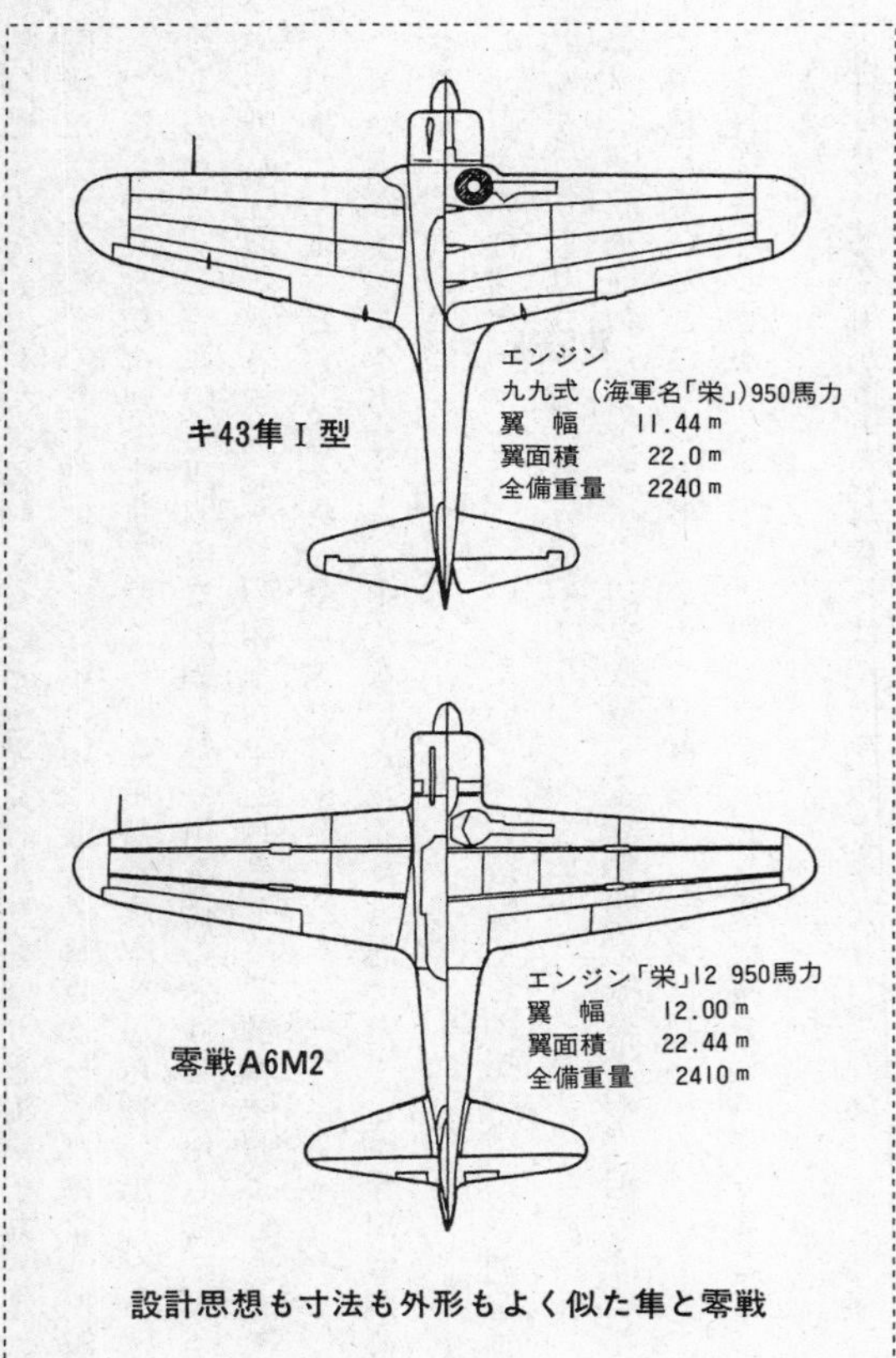

設計思想も寸法も外形もよく似た隼と零戦

さいわいキ43には、キ27を上まわるスピードがあった。このスピードのもつエネルギーを利用すれば九七戦を引きはなすことができ、宙返り、斜め宙返りなど上昇をともなう縦の面の戦闘にひきこめば、格闘戦でもキ43に有利に展開することを発見した。ちょうど海軍の九六艦戦対零戦の場合と同じだが、とにかく九七戦に勝てないという最大の難点は、これによって解決されたわけだ。

これらの実験がだいぶすすんだころ、今川は参謀本部から呼び出しをうけた。夏の暑いさかりの八月、三宅坂の参謀本部に出頭した今川を待ち受けていたものは、「九百キロ進攻して空戦し帰還できる戦闘機を、昭和十六年四月までに二個戦隊およそ五十機整備する方案を至急提出せよ」という唐突(とうとつ)な命令だった。

（おいでなすったな。たぶん、そんなことだろうと思った）と、今川は内心ほくそ笑んだが、さり気なくいった。

「九百キロ往復といったって、いったいどこを攻撃するのか、また戦闘をまじえる相手はなにかをはっきりさせなければ返事のしようがない」

「タイ国内基地からシンガポールを攻撃する爆撃機を掩護(えんご)する。相手はイギリス戦闘機だ」

予想していたとおりの返事がかえってきた。

「それならキ43しかない……」と思ったが、三日後に案をもってくることにして、その日はひきあげた。

日をおいて今川が提出した案とは、つぎのようなものだった。

第一案　キ43を改良する。

第二案　キ15（九七式司令部偵察機）を単座化し、二十ミリ機関砲二門を左右主翼内につける。

第三案　軽爆撃機に固定機銃をつける。

今川のハラは、「石川がすでに落下タンクをつけたテストで十時間半も飛んでいるし、空戦のほうも山本のテストでほぼまちがいないから、第一案がベスト。だが、どうせシンガポール方面に配備されているのはイギリスの二流戦闘機だろうから、第二案でも何とかなるだろう。第三案はあまり威力を期待できないが、重爆を何の掩護もつけずに進攻させるよりはましだ」というものだった。

彼は「キ43を採用することが望ましい」と註釈をつけるいっぽうでは、参謀本部、航空本部、明野飛行学校の代表を福生に呼び、キ43のデモ飛行をやった。

朝、長時間飛行のため石川大尉を飛びたたせるいっぽう、山本少佐が発見した戦法で明野からやってきた教官の操縦する九七戦との模擬(もぎ)空戦をやらせ、キ43の優秀性を目のあたり見せつけた。

これが決め手となってキ43の緊急装備が決まり、決定会議のすぐあと中島飛行機の幹部たちに緊急呼び出しがかけられた。深夜かけつけた小山技師長らにたいし、キ43を至急整備するよう指示がつたえられ、ながかったキ43の放浪に終止符が打たれた。

中島ではすでにキ43の採用をあきらめ、生産用治具(じぐ)（飛行機を組み立てるための基準枠や道具など）類を全部とりはらって九七戦の量産に切りかえていたところだった。そこで陸軍では九七戦の生産を満州飛行機にうつし、中島飛行機はキ43に全力をそそぐべしという方針を決めた。

（やれやれ、ようやくものになったか）と今川は、ホッと肩の荷をおろしたような気分にひたったが、開発を担当した小山をはじめ太田技師、糸川技師らも、ながい暗やみをぬけてようやく光明を見出した思いで、体中の力がいっぺんにぬけるような気がした。同時に、これまでに空費した多くの時間と労力が、惜しくてならなかった。

一式戦闘機「隼」の誕生

明けて昭和十六年、太田の工場は、にわかにいそがしくなった。キ43の細部仕上げや改良をいそぐいっぽう、九七戦の生産治具を撤去して、キ43用の治具をあらたに設置しなければならなかった。

生産技術関係者たちの努力で、治具の整備は急ピッチですすめられ、九七戦いらいの経験でつくりやすく設計されたキ43は、三月には量産機が生産ラインにならぶようになった。

そして四月には、陸軍との約束どおり、五十機のキ43をつくりあげた。同時に、一式戦闘機として制式採用がきまり、のちに陸軍がつけはじめた、機体の愛称の元祖ともいうべき「隼（はやぶさ）」のニックネームがつけられた。「隼」の愛称は、のちの大活躍とあいまって、ひろく日本国民に親しまれるようになった。

この点、海軍の零戦が隼より先にデビューしたにもかかわらず、いつまでも覆面（ふくめん）の新鋭戦闘機とだけしか公表されなかったのと好対照だ。零戦の名がひろく知られるようになったのは、敵味方を通じてごく一部の関係者をのぞき、戦後になってからのことである。

　どんな飛行機でもそうだが、最初の試作機ができてから制式採用になるまで――制式になってからもそうだが――にはさまざまな改良や変遷がみられる。とくにキ43は制式までに難航した機体だったから、それがいちじるしい。外観上にもいくつかの変化があったが、もっとも目立ってかわったのは胴体尾部付近だった。すなわち試作三号機までは胴体後端が零戦

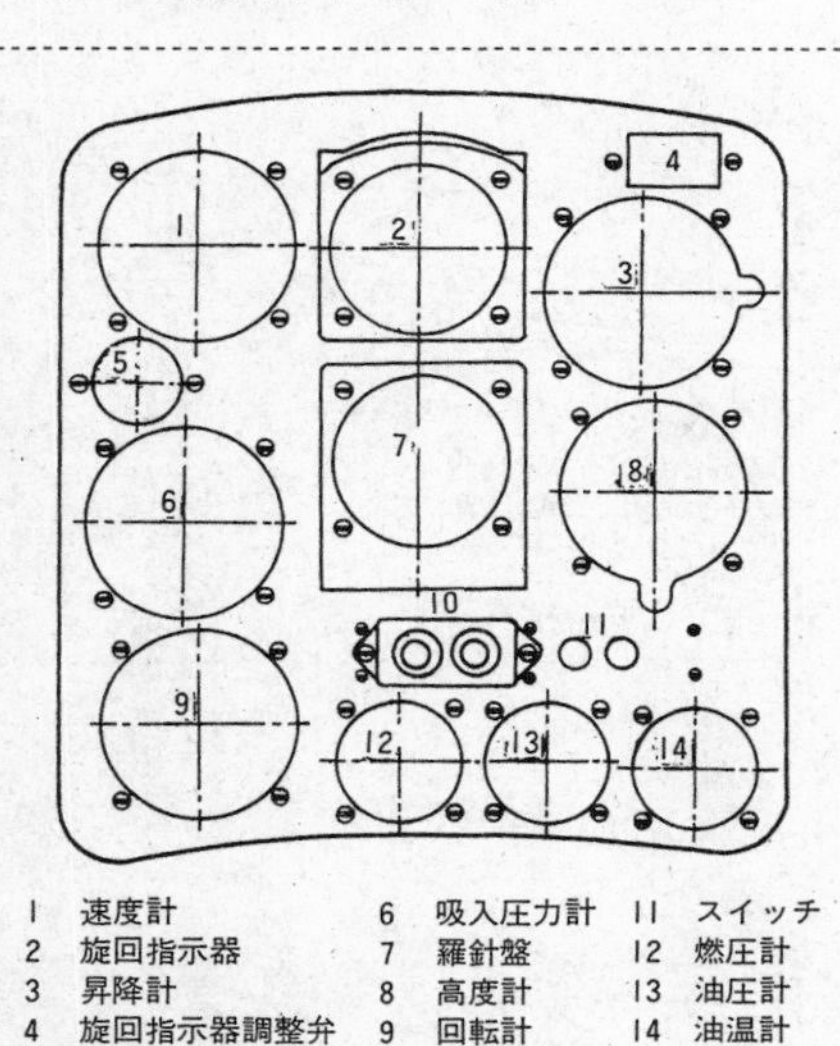

キ43　主計器板配置図

に似てとがっていたが、増加試作機からは隼の特徴である丸味のある形となり、方向舵が胴体下面までいっぱいにひろげられた。これは地上での方向変換のときに、よく利くようにすることと、錐揉みに入ったときや、大迎角時の方向舵の利きをよくするためである。

　また、垂直尾翼は、はじめ水平尾翼よりも前にあったが、方向安定性と射撃性能を向上させるために後方にうつし、ほぼ水平尾翼とおなじ位置になった。海軍の零式戦闘機が試

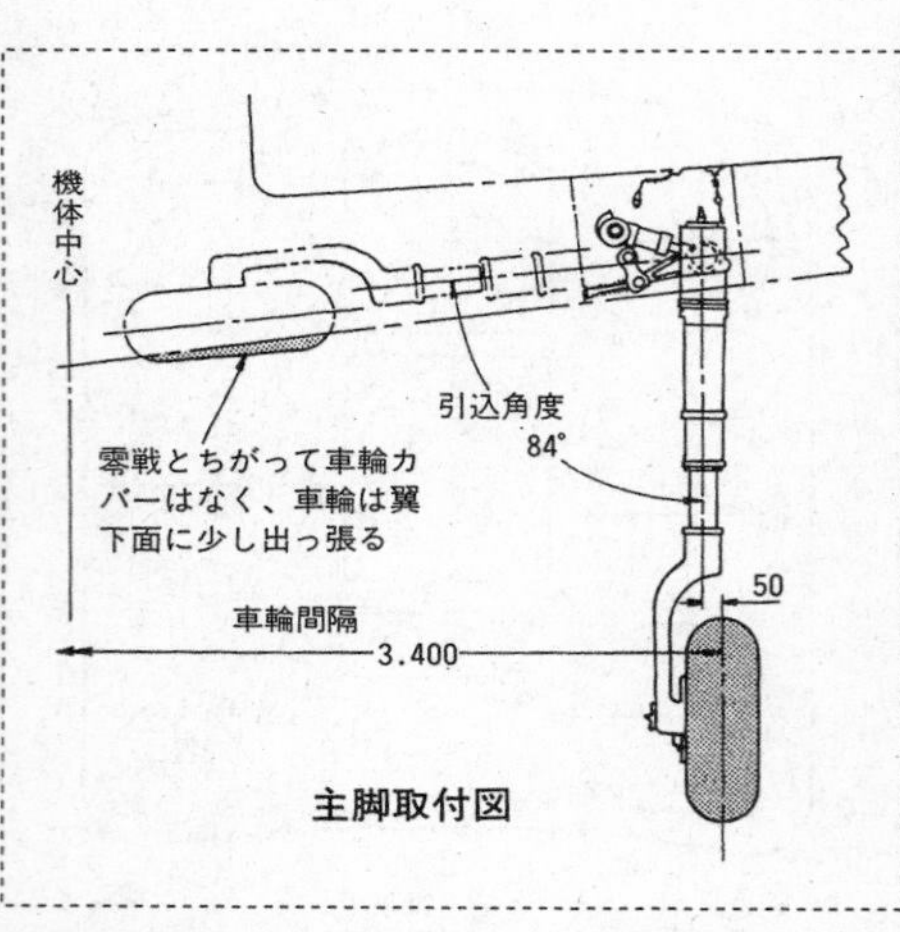

主脚取付図

作三号機以後、胴体を延長して垂直尾翼をうしろにずらせた方法によく似ている。

有名な蝶型空戦フラップは、もともと高翼面荷重のキ44の空戦性能を改善するために開発されたものだが、審査中のキ43にも採用されて、ひと足さきに実用化された。

これについては、設計室でも意見がわかれた。キ43程度の翼面荷重の機体につけても、たいして効果は期待できない、というのが反対の理由だった。しかし行きづまっていたキ43に、なんとかあたらしい手をうたなければということで、増加試作機のうちの一機に装着してテストしたところ、空戦性能の改善に意外な効果があった。もたついていたキ43にとって、まさに起死回生の妙手であったが、のちに縦の面の旋回戦闘で空戦フラップをつかわなくても九七戦に勝てることがわかった。

試作一号機では、はじめ木製の二翅プロペラ（二枚ペラ）がつかわれていたが、これは増加試作機で金属プロペラにかわり、さらに可変ピッチ・プロペラとなった。エンジンのパワーを有効に生かすためには、自動車のオートマチック・トランスミッションのように、飛行状況に応じてプロペラ・ピッチが自動的にかわることが望ましい。ところがこうした技術でおくれていた日本は、アメリカのハミルトン・スタンダード社の特許を買って間に合わせた。あとになってフランスのラチェやドイツのVDM（ファウ・デー・エム）などのピッチ変更機構も入ってきたが、陸海軍あるいは民間機を通じてもっとも多くつかわれたのがハミルトンのものだった。脚引込機構といい、このプロペラ・ピッチ変更機構といい、残念ながら機体の設計技術以外の面では外国よりおくれていたというのがいつわりないところであった。

基礎技術のおくれといえば、キ43の武装もまたその一例にあげられよう。飛行機搭載火器の技術のおくれについては前に述べたが、試作一号機にもドイツ製のラインメタル社製七・九二ミリ機銃がつけられていた。もともと国産の七・七ミリ機銃をつかう予定だったので弾倉がやや大きくなり、風防の前の突出した部分にあまり格好のよくないおおいをつけなければならなかった。

増加試作機では国産の八九式七・七ミリ機銃二梃にかわったが、十号機と十三号機は試験的にイタリアのブレダ社製十二・七ミリ機関砲二門装備とした。キ43は試作三機、増加試作十機で、機体番号は試作一号機からとおしてつけられるから十号機、十三号機は増加試作機の中ではそれぞれ七号機、十号機である。

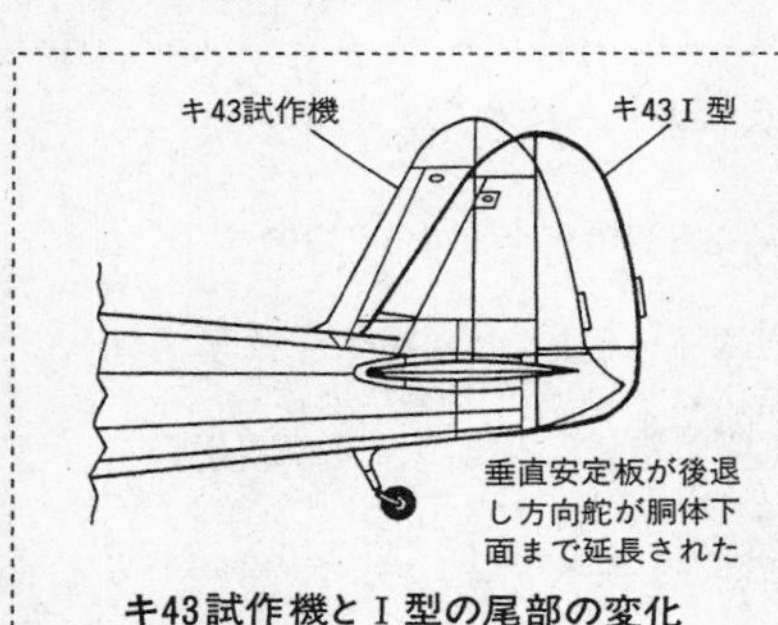

キ43試作機とI型の尾部の変化

一式戦闘機一型データ（取扱説明書による）

主要諸元

全幅：11.837m　全長：8.832m　全高：3.090m
車輪間隔：3.400m
主翼面積：（補助翼、胴体部を含む）：22.0㎡　上反角：6度
主翼取付角：２度（但し翼端にて２度振り下げ）
自重：1580kg　全備重量：常備2048.5kg、満載2243kg
落下タンク装備2583kg
燃料：常備314ℓ（230kg）、満載564ℓ（415kg）、落下タンク装備964ℓ（750kg）
プロペラ　二翼定回転　直径2.9m、重量110kg
武装　八九式7.7ミリ機関銃×２（弾丸各500発）または航空機用12.7ミリ機関砲×２（弾丸各270発）　爆弾15〜30kg×２

エンジン

九九式950馬力　空冷二重星型14気筒　圧縮比：6.7　減速比：0.6875　回転方向：飛行方向に向かって右　離昇出力：990HP／2700rpm　公称出力：870HP／2600rpm、970HP／2600rpm／高度3400m　全長×直径：1.313m×1.150m　重量：545kg

性能

最大速度：495km／hr　上昇力：5000mまで5.5分
実用上昇限度：11750m
燃料消費量（高度3500m、エンジン1800rpmで）

計器速度	標準対地速度	消費量
196km／h	250km／h	53ℓ／h
238km／h	300km／h	72ℓ／h
280km／h	350km／h	100ℓ／h
322km／h	400km／h	137ℓ／h

これは落下タンクなしの単機飛行の場合で、落下タンクをつけると対地速度は約25km／h低下し、編隊飛行では消費量はこの数値より悪くなる。また巡航高度を1000m上下するごとに消費量は約10パーセント増減し、したがって行動半径も約10パーセント増減する。

試作一号機とあとの増加試作機をくらべて外観上大きく変わったのは前記胴体尾部の配置と垂直尾翼の形状のほか風防だった。空気抵抗をへらそうと全面に曲面ガラスをつかってみたものの、いざ飛んでみると外がゆがんで見えるので前面と側面は平らなガラスとし、同時に第二風防と第三風防を一体にして全体をスライドさせる方式にした。このやり方は水滴型風防とよばれて視界にもすぐれ、のちにはもっとも一般的な風防形式となったが、キ43あたりがその草分けといえよう。

この形式は、キ44にもつかわれたが、飛行中に風防を開けたとき、ロックを完全にしないと風圧で、突然、ピシャッと閉まってしまい、パイロットの手をはさむといった事故もあったようだ。

また、その後の量産型ではカウリングのうしろにエンジン冷却空気量を調節するためのカウル・フラップが取りつけられた。

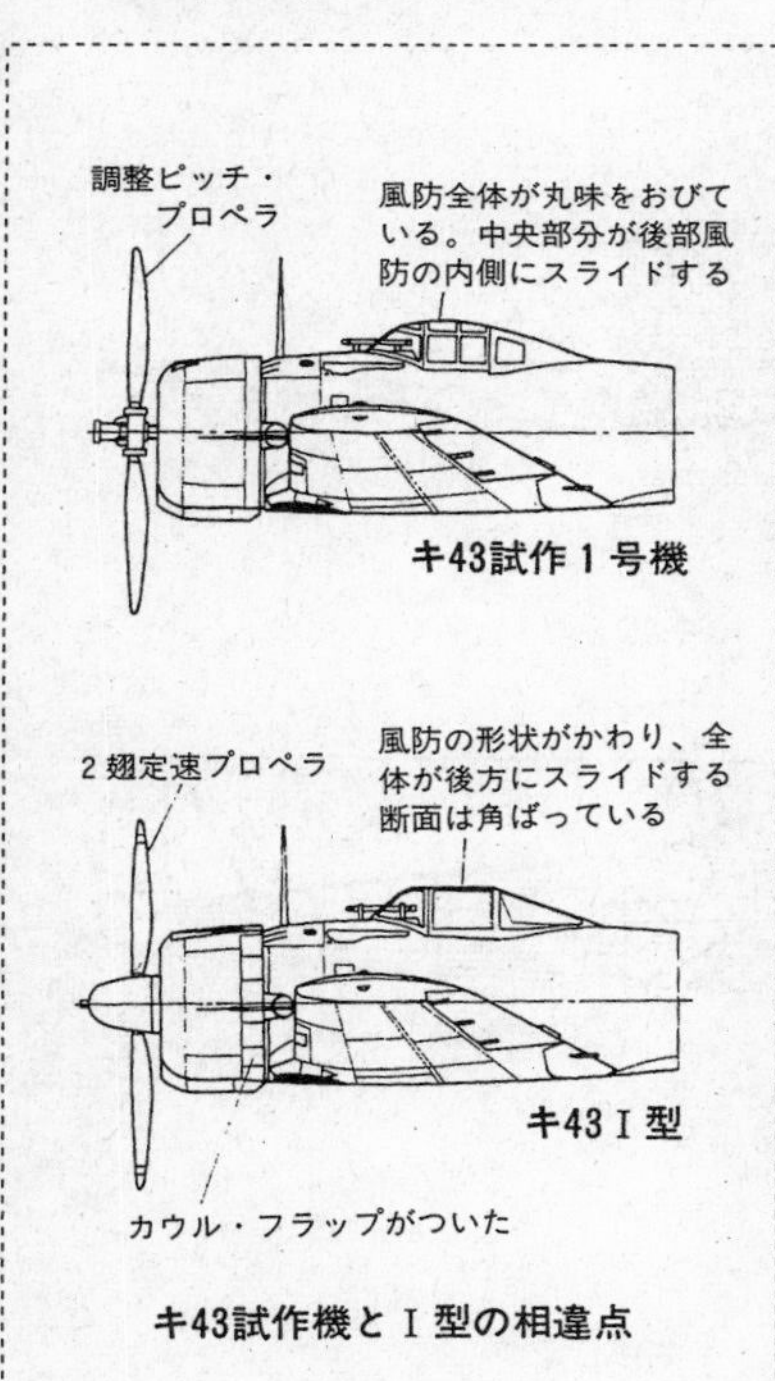

キ43試作機とⅠ型の相違点

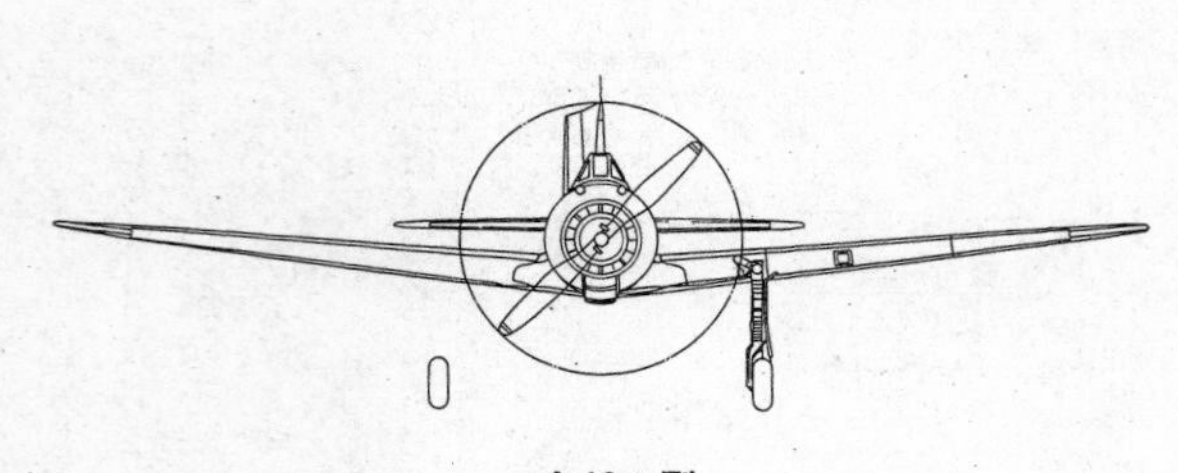

キ43 I 型

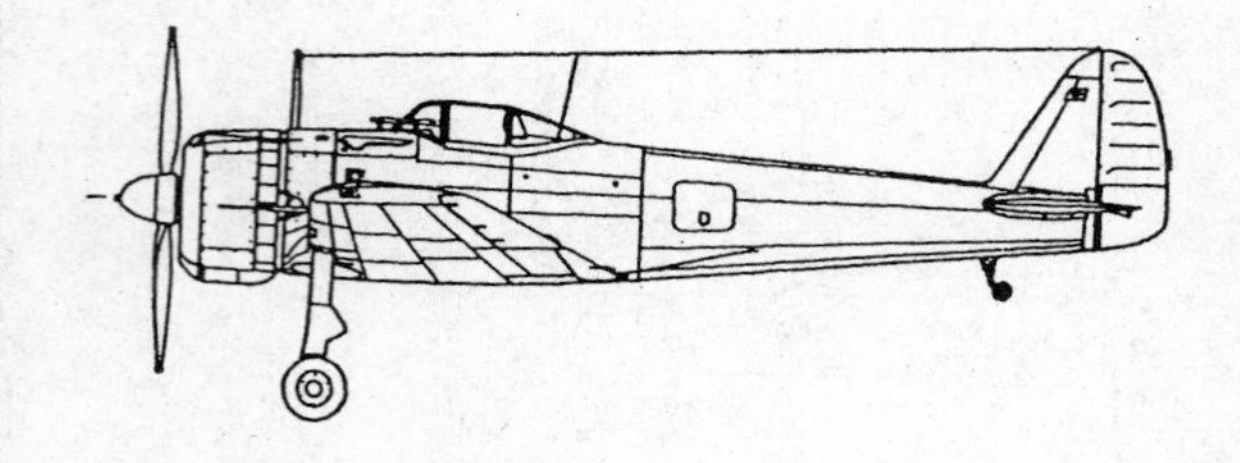

▼キ43 II 型

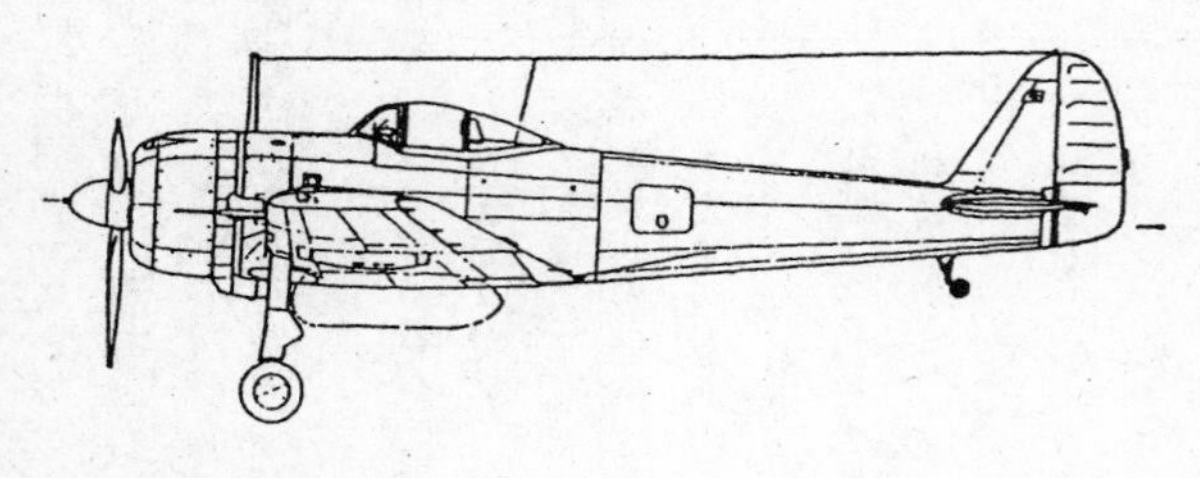

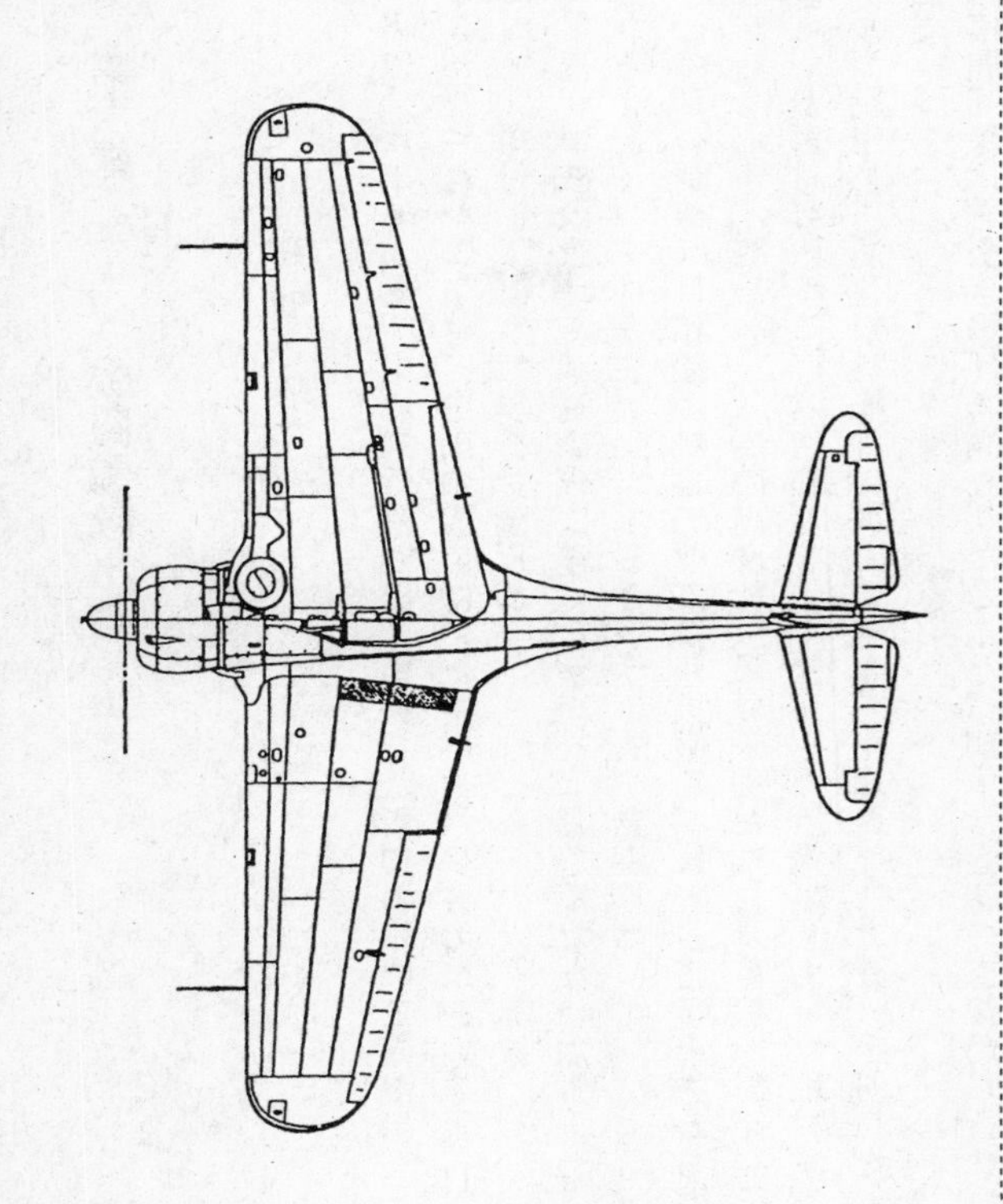

キ43Ⅱ乙　一式戦「隼」Ⅱ型乙

全幅：10.84m　全長：8.92m　全高：3.60m　主翼面積：21.4㎡　自重：1910kg　全備重量：2590kg　発動機：2式(ハ115)1150馬力　プロペラ：定速3翅(直径2.80m)　最大速度：530km/h　実用上昇限度：11200m　航続距離：1760km　武装：12.7mm×2　爆弾：100kg×2

第六章　「隼」戦闘機隊出動

機種改変

昭和十六年の初夏、中島飛行機太田工場をでた最初の隼の量産機約三十機が、実戦部隊にひきわたされた。当時、中国の漢口にいた中尾次六少佐のひきいる飛行第五九戦隊で、五月に内地に帰還し、福生で隼を受領した。

早速、慣熟飛行から戦闘訓練に移ったが、一ヵ月もたたない六月十七日、訓練中の一機が空中分解し、パイロットが死亡するという事故が発生した。

この日の訓練は目標機に対して前方より接敵し、反転して後上方から射撃を行なうという設定だったが、約千メートルの高度で攻撃に入った稲村軍曹機が射距離二百メートルまで近接したとき、突然キリもみ状態となって墜落した。操縦していた稲村軍曹は高度約五百メートルで脱出し、能代飛行場沖の海上に無事落下傘降下したが、五分ほどして水没してしまった。

早速、機体を引き揚げて調査したところ、胴体は座席の直後から折れ、主翼は脚収納部のあたりから折りたたんだように壊れていた。このほか翼端が飛び、右水平安定板もかなり破損していたが、墜落したこの機体だけでなく、脚取付部付近のリベットが切れて飛んでしまったり、リベットのゆるみや翼表面にしわの発生した機体が多くみられた。

この事故から一週間後、またしても墜落事故が発生した。訓練を終え、編隊が猪苗代湖を右に見ながら新潟に向け高度を下げつつあったとき、急に一機が翼を振って遅れだしたと見る間にスピンに入り、操縦者は脱出したが機体は墜落してしまった。

しかし、こうしたあいついだ墜落事故にもかかわらず機体の補強はあとまわしとなり、五九戦隊は漢口にもどった。

漢口基地には陸海軍の航空隊が集まっていたが、新鋭戦闘機隼のさっそうとした姿は、ひときわ目立った。

それまで海軍の零戦の活躍にいささか肩身のせまい思いをしていた陸軍の現地部隊では海軍の零戦に対抗して、隼の長い航続力を生かした重慶攻撃を計画した。

この攻撃には明楽(あけら)武世大尉の中隊九機がえらばれたが、重慶に行ってみると、零戦にさんざんいためつけられた敵戦闘機はいちはやく退避して姿を見せず、からぶりに終わった。しかも、帰路に燃料系統の故障で一機をうしなうという、不運にみまわれた。

初の重慶進攻で、隼の長距離航続力は実証されたものの機体の細かなトラブルはいぜんとしてあとを絶たず、空中分解事故の再発もあって信頼性はゼロといってよかった。

プロペラは、固定ピッチからあたらしい可変ピッチにかわっていたが、可変機構からの油もれにはなやまされどおしだった。もれた油が風防にとびちって前が見えなくなり、ヒヤリとさせられるようなことも再三あった。風防ばかりでなく、主翼下面から脚引込孔をつたわって車輪のブレーキ・ドラム内に浸入したオイルのため、ブレーキが利かなくなり、ブレーキの片利きやオーバーランなどで飛行機をこわすものもでた。

せっかくつけられていた無線機は、故障ばかりでほとんどきこえないし、コンパスは不正確で信頼がおけなかった。引込脚の作動もスムーズでなく、完全に引き込まなかったり、飛行中に脚がとびだすこともあり、反対に脚がでなくて胴体着陸することもあって、パイロットたちの隼にたいする信頼感は、まったくないといってよかった。そのうえ、空中分解するのではないか、という機体の強度にたいする不安は、パイロットにおもいきった空中操作をすることをためらわせた。

機体にかかわる信頼性の問題とは別に、隼にはもう一つ厄介な事があった。

当時は、隼の存在があまり知られておらず、海軍はおろか陸軍ですら実際にその姿を見たものはすくなかった。しかも、胴体に日の丸がついていなかったので、脚を引込式にしたスマートな隼は、しばしば敵機と見まちがえられた。

このため、そそっかしい味方の九七戦や、海軍の九六艦戦から攻撃をうけて味方同士の空中戦が展開され、あわや！　というあぶない場面もあった。緊迫した当時の空気のなかにあって、実戦さながらの猛訓練に明け暮れていたパイロットたちにとっては笑いごとではなかった。攻撃された隼のほうも、本気になって反撃したという。

さいわい大事にはいたらなかったが、この事件にこりた陸軍は海軍にも申し入れて、以後陸海軍機とも共通に胴体側面にも日の丸をつけることにし、また主翼前縁にも黄色のストライプをいれて、どの角度からでも、はっきり味方識別ができるようにした。空中ですばやく移動する、点のような飛行機の機種を、しかもさまざまな気象条件のもとで、とっさに見わけるということは、ベテラン・パイロットにとっても容易なことではなかったのである。

海軍の零戦の輝かしいデビューにくらべると、隼のスタートはかんばしいものではなかったが、飛行第五九戦隊につづいて南支那の広東に展開していた加藤建夫少佐のひきいる飛行第六四戦隊にたいしても隼の配備がきまり、まず加藤部隊長（飛行師団、飛行団、戦隊をとわず、陸軍では一般に部隊とよんでいた）と安間克己大尉の第三中隊が機種改変のため内地にもどった。

昭和13年、九五戦の前に立つ加藤建夫大尉。のち隼戦闘隊で大活躍をする。

「たしか七月十二、三日ごろだったと思います。前夜、突然かえるという電報がはいり、わたしはけげんな気持で朝の支度をしてまっておりますと、午前六時ごろ帰宅いたし、食事をすませると間もなく、子供たちと前後してでかけたのだけおぼえております。

それから二ヵ月あまりと申すものは、朝は六時に家を出て、ほとんど夜半ちかくに帰宅、入浴、夕食というきびしい毎日でございました。

本当に、心から隼戦闘機に打ち込んでいたようで、いつごろでしたか、この戦闘機でどれだけ高くあがれるかためすため、九千メートルぐらいまであがったところ、酸素吸入器が不完全なため失神して三千メートルくらいまで落ちて気づき、あやうく助かったこともあったようです。

めったに外であったことを話さない人でしたが、隼戦闘機のことだけはめずらしく聞かせてくれました。

ときどき『オオタニユク　カヘラヌ』という電報がきて、あたらしい機体のぐあいをなおしていただきに、太田（中島飛行機太田工場）にでむいたようでございます。

また、八月下旬のある日、出先から明野に行くという電報がきたまま、しばらくもどりませんでしたが、そのまま南京で会議があったように記録されております。九月になって東京にかえってき、十月下旬に広東に再度出立したのが最後でございました」

加藤田鶴夫人が語った当時のもようだが、文字どおり東奔西走して、隼をよりよくするため精力的にとびまわっていたようだ。

加藤の研究改良の努力はキ43のあらゆる部分におよんだが、とりわけ熱心だったのは、日本陸海軍機に共通した欠陥だった機上無線機の改良だった。

ばおきたからだ。この無線機がわるいために地上との、あるいは空中での飛行機間の交信がうまくいかないため、戦闘の情報は自分の目で見える範囲にかぎられ、後続編隊が戦闘に入ったり、掩護する爆撃機隊の一部が敵戦闘機の攻撃にさらされても気がつかない、などということがしばし

「当時、積まれていた機上無線機は性能がわるく、空中ではほとんど使いものになりませんでした。そこで聞こえない無線機をつんでいるよりは、少しでも軽くして飛行機の性能を向上させようと、私は無線機を機体からおろしてしまいました。

ちょうど整備兵が無線機をおろしているところを部隊長に見つかり、こっぴどくしかられました。空中戦闘で無線連絡がいかに重要であり、またそれを完全なものにすることが、これからの課題であることを痛感しておられた加藤部隊長は、技術者たちと協力して改良に努力しておられたのです。

だから不自由さをしのんで、とうとう戦死するまで、聞こえない無線機とマイクをはずしませんでした」

加藤の部下だった前出の檜與平中尉はそう語っていたが、それだけに立川や福生で訓練中に交信がうまくいったときはよほど気分がよかったらしく、田鶴夫人によれば、

「かえってくると、今度の飛行機はこうして機上で話しができるのだよといって、

『コチラ　カトウ　コチラ　カトウ　高度四千　高度四千……』

などと、いかにもうれしそうに口マネをして聞かせてくれました」

という。

かつて陸軍の飛行実験部長時代に、すでに落第とみなされていた隼の有用性をみとめて制式採用を強力に推進したり、多くの新技術の実験開発を手がけた今川一策少将は、このことについて、つぎのように語った。

「気みじかなパイロットたちは、あたらしく与えられた試作機材にちょっとでも気に入らないところがあると、ああだこうだとケナすばかりで、気ながに改良していこうとしない傾向が強かった。

たんに具合いのわるいところがあるからといって、つかわずに見すててしまっては、新技術はモノにならない。

あたり前なことだが、みんなが加藤君のような気持だったら、器材の改良進歩はもっと目ざましかったろう」

加藤の研究熱心は定評のあるところだった。敵地に進出すると、おきざりになっていた敵機をさっそく調査して内地に報告を送った。パレンバンで捕獲したイギリスのホーカー・ハリケーンをたちまち乗りこなし、戦隊の移動のさい三機のハリケーン編隊で飛んだのは有名な話だ。

もっとも操縦にかんしては、昭和十四年に寺内大将一行の使節団の随員としてヨーロッパ出張のさい、ドイツでいきなりメッサーシュミットＭｅ109で飛んで見せ、かれらをびっくりさせるほどの腕前であった。

殺人機！

九月中旬、引込脚の銀翼を連ねて、安間中隊が広東にもどってきた。

真新しいジュラルミンの肌を光らせながら広東飛行場に降りてくるスマートな隼を見て、パイロットや整備員たちも、「おっ、なかなかいいじゃないか」と胸をときめかせたが、地上に停止した機体にはしりよってみておどろいた。

「なんだ、これは？」

めずらしい引込脚を見ようとちかよってみると、脚引込孔の周囲のジュラルミン外板に、ひびがはいっているではないか。さらにほかの部分をよく見ると、主翼表面にしわがよっており、リベットの穴が長穴になっている。

「たいへんな飛行機だな」「これじゃ殺されちまうぞ」

大谷大尉、檜大尉、遠藤中尉といった加藤戦隊の猛者連も、おもわず顔を見あわせてつぶやいた。

仕方がないので、これらの機体については現地の野戦航空廠で応急的に修理することになったが、その隼を、今度は檜たちの第二中隊が取りに帰るよう命令を受けた。ひさしぶりに内地に帰れるのはうれしいことだったが、新しく乗る飛行機が一式戦隼というのは気が重かった。

六四戦隊の第二中隊が機種改変で立川に到着して間もない十月十三日、航空本部でキ43の改良について会社側も交えて会議が開かれたが、その六日後の十月十九日午後、広東の六四戦隊から衝撃的な報告が入った。

安間中隊の関幸三郎曹長が、空戦訓練で急降下から上昇に移ろうとしたとき機体が空中分解し、関曹長は落下傘降下の余裕もなく殉職したというのだ。

再三の空中分解事故は、隼が九七戦に対抗する格闘性能を得るために、機体の強度ギリギリまで軽量化をはかったことと、九七戦になじんだパイロットたちの強引な操縦などがかさなっておきたものだった。

もちろん、試作段階では二回も荷重試験をして強度が充分であることは確認されていたはずだが、当時の技術では試験データと実際の飛行状態との間にくいちがいがあり、きびしい重量軽減が、ある飛行状態で強度上の余裕をカバーし切れなくなったために起きた悲劇だったといえる。

それいらい、ちょっとムリな操作をすると、空中分解をしないまでも主翼表面にスーッとしわがよる隼を、パイロットたちは気味わるがって、つい戦闘訓練もおよび腰になった。

「立川から福生（今の横田基地のあるところ）に行く連絡バスにのると、エラい人が席を立ってゆずってくれるんです。殺人機に乗る男だから、せめて一刻でもすわらせてらくをさせてやろうというわけです。

いやもう、乗ってみるとスゴいのです。急旋回をやると外板のリベットが切れてとぶ、脚が入る翼の付根あたりに亀裂が入るといったぐあいで、たしか空中分解の事故で四人ぐらい死にましたね。

　ところが加藤さんは熱心でした。われわれがハラハラしているのに、もうドンドン空中戦やはげしい運動をやってみせるのです。それで、ああ部隊長があそこまでやったのだから大丈夫、というわけで、われわれもおそるおそるついていったようなわけです」

　檜の述懐であるが、このままでは放置できないとあってすぐに全機に改修を加えることになり、現地から五九戦隊および六四戦隊第一中隊の飛行機も呼びもどされた。

　中島飛行機の尾嶋飛行場に集められた隼にたいし、主翼の補強や落下タンクとりつけのための改造がおこなわれた。また、現地部隊の要望から左側のみ七・七ミリ機銃を十二・七ミリ機関砲につけかえた。

　これが一式戦一型乙で、十月から十一月にかけて改修作業が行なわれ、両戦隊の機種改変が終わったのは、開戦のほぼ一ヵ月前というきわどさであった。

　十月末、改修された機体を受領し、訓練をおえた飛行第六四戦隊は、広東の基地にかえることになった。いよいよ福生を出発するという数日前、檜中尉は加藤少佐に質問した。

「部隊長どの、途中の宿舎の準備はどういたしますか？」

「いや、いいよ。どこにもとまらないで、広東までまっすぐかえろう」

「えっ、広東まで休みなしで……」

　これには檜中尉もおどろいた。

——まだ、いろいろぐあいのわるい箇所があるのに、そんな長距離を無着陸で飛ぶなんて
——口にはださなかったが、内心はきわめて不安だった。しかし、加藤部隊長の、ふだんとかわらない態度には、自信のほどがうかがわれ、部下たちも反論の余地がなかった。

出発の日、隼の育ての親ともいうべき飛行実験部員たちや、基地の人びとの見送りをうけ、第六四戦隊の精鋭は、部隊長機を先頭に南をさして飛びたった。

加藤の航法は正確だった。九州南端から本土をあとにすると、一気に東シナ海を飛びこえ、香港にほどちかい広東に着陸した。九州南部から広東までは約二千キロ、陸軍の戦闘機、いや世界のどこの国の戦闘機も、いまだかつてやったことのない長距離飛行を、それも編隊でやってのけたのだ。

二千キロといえば、いまのジェット旅客機ですら、二時間ちかくかかる。まして、当時の戦闘機の巡航速度では、八時間ちかい長時間飛行となる。せまい一人乗りの戦闘機の操縦席のなかで、かたいシートにすわりづめの八時間は、若いパイロットたちでさえたいへんな苦痛だった。それを四十歳をこえていた加藤部隊長は、率先してやりとげたのである。

開戦前夜

キ43が制式採用になった昭和十六年、世界情勢は目まぐるしい変転をつづけ、世界大戦への動きは、もはやさけられない状態になりつつあった。

南進作戦にとって脅威となる背後のソ連と、日ソ中立条約をむすんで二ヵ月もたたないうちに、ヒトラーの大軍はソ連に侵入し、日本と条約をむすんだ国同士が戦争をはじめる、という妙な事態になってしまった。そこで親ナチ派の陸軍参謀本部、松岡外相（じつは彼が日ソ中立条約の立役者なのだが）は、ドイツと呼応してソ連をうつべしと主張した。

これにたいし、ノモンハンでソ連軍の実力をいやというほど見せつけられた陸軍省は、気乗りうすだった。しかも、海軍は連合艦隊をうごかす燃料資源の確保という点から、ソ連との開戦にはメリットがないとし、南方進出を優先する考えが圧倒的だった。

結局、南進政策が決定され、その第一手段として、七月には南部仏印（ベトナム南部）とタイ国へ陸海軍部隊が進駐した。サイゴンやタイのドンムアン飛行場には、日の丸の翼がずらりとならび、カムラン湾には旭日の軍艦旗がひるがえった。

これに脅威を感じたアメリカとオランダは、ただちに日本にたいする石油の輸出を禁じ、イギリスともども海外にある日本人の資産を凍結した。こうして、日本をめぐる国際情勢は日一日と悪化し、一般国民の胸にも、大きな戦争に発展するのではないか、という危惧（きぐ）と不安がひろがりはじめた。

事実、開戦に向けて日本はひた走りに走りだしていた。すなわち、九月六日の御前会議で帝国国策推進要綱決定、十一月五日の御前会議で同国策遂行要領決定へと進み、十一月二十六日にはハワイ空襲に向けて機動部隊が北海道の先にあるエトロフ島のヒトカップ湾をひそかに出港した。

その攻撃開始日時は十二月八日午前零時で、もし日米外交交渉がまとまれば攻撃は中止となるが、その望みはまず皆無といってよかった。

こうして運命の開戦予定日〝X〟日をまぢかにひかえた十二月三日、戦隊全機は悪天候の中を離陸、六時間におよぶ雲上飛行で南部仏印の東方海上にあるフコク島ズオンド飛行場に進出した。このころになると敵味方とも偵察飛行が活発となり、台湾からはフィリピンを、仏印からはマレー半島やシンガポールを隠密(おんみつ)偵察するため、日の丸をぬりつぶした百式司令部偵察機が、毎日のように飛びたっていった。

加藤部隊の作戦行動は、開戦の前日の十二月七日に開始された。任務は、マレー半島コタバルおよびシンゴラに上陸する山下兵団をのせた大輸送船団の上空直衛であった。

この日、朝から晴れていた。日中の船団護衛は、第一二飛行団の九七戦が担当した。企図を知られないよう隠密行動のはずだった船団がパンジャン島にさしかかったとき、突然敵のカタリナ飛行艇があらわれた。

「日本の大輸送船団を発見！」

もしこの飛行艇が基地にむけ、こう発信したら万事休すだった。時を移さず敵の爆撃機は船団上空に殺到するだろうし、シンガポールにいる戦艦プリンス・オブ・ウェールズと巡洋戦艦レパルスがやってきたら、さらにたいへんなことになる。

敵飛行艇は上空にいた九七戦によってたちまち撃墜された。開戦前の撃墜だから当然、国

際法違反になるわけだが、このカタリナ撃墜がマレー上陸作戦成功の大きな鍵となったことはまぎれもない事実だ。

午後三時ごろになった。天候はしだいに悪化し、天候偵察の百式司偵の報告によると雲高五十メートルだという。やや心配だったが、九七戦と交替のため午後四時、まず高山中隊の七機を出発させた加藤戦隊長は、一時間後の出発をひかえて隊員たちに準備を命じた。そこへ部下の高橋三郎中尉がやってきた。

「どうした、高橋」

何か思いつめた表情の高橋中尉に加藤は人なつっこい笑顔を見せてたずねた。

「部隊長殿、ぜひ自分をお供(とも)させて下さい。この重大な任務に参加できないとあっては、何のための今までの訓練ですか。何が何でも同行をお願いします」

「ダメだな。もう決まったことだ。明日からはこれまでとは比較にならん大戦争がはじまるんだ。先がながいんだから、そう焦ることはないさ」と加藤はなだめたが、思いつめたら絶対にあとにひかない若者の激情

飛行第64戦隊(加藤隼戦闘隊)の隼編隊。太平洋戦争初期、長大な航続力を生かして遠距離攻撃や船団直衛任務についた。

を面上にたぎらせて、高橋はなおも食いさがった。

一機でも掩護は多い方が望ましいが、最終直の出発は夕方、帰路は当然夜間飛行となる。好天の月明ででもあればともかく、悪天候の密雲の中の夜間飛行となると無事帰れるかどうかもあやぶまれる。いわば最終直にえらばれたメンバーは決死隊同然だった。もし最終直全員未帰還ということにでもなれば、明日からの作戦行動にさしつかえる。

そこで機数を制限し、万一の場合を考えて副将格の安間大尉を残した加藤だったが、若者の熱意にほだされてついに高橋の同行をゆるし、三機、三機の二個編隊だったのを、二機、三機の三個編隊に改めた。結果的にはこの温情が仇となるのだが、飛行団長や高級幕僚たちがつぎつぎに来訪するので深く考えている余裕はなかった。

午後五時の出発予定時刻直前に、今度は師団の参謀長がやってきたため、約三十分おくれの午後五時三十分に戦隊長直率の隼戦闘機七機が離陸した。機影はたちまち低い雲の中に没し、やがて空中集合をおえた編隊は船団をもとめて南下した。計器速度二百五十キロで約一時間半飛んだとき、はるか前方に船団の一部を発見、ほどなく船団主力の上空に達した。護衛の海軍艦艇を周囲に配した数十隻の大船団の威容に接したときの感激を、加藤はその日の日記にこう書いている。

『全数予定の如く航行。山下奉文しっかり頼む、と思わず叫ぶの力強さと、任務完遂の決意を覚ゆるものあり』

雲が低いので五十から二百メートルの高度で船団上空のパトロールをつづけた。おなじ隼部隊である五九戦隊が悪天候で到着がおくれていたため、六四戦隊だけの単独掩護となったが、海になれない、そして海上での敵の攻撃にたいしてはまったく手がだせない陸軍の兵隊たちにとって、上空をまもってくれる隼編隊の姿はどれほど心づよかったことであろうか。

予定の一時間はわけなく過ぎた。ときに午後八時。バンクをふって船団に別れを告げるころには、あたりはすっかり暗くなった。帰路を急ぐ編隊の背後に、約三十分ほどは残照の明るみが見られたが、やがてそれも消えてまったくの夜間飛行となった。しかも密雲がしだいに低くなり、その雲の下を高度五十メートルから百五十メートルで飛んだ。ときには五十メートル以下の雲もあったが、暗夜にあまり高度を下げると海中に突入するおそれがあるので、計器飛行で雲中をくぐりぬけた。

さいわい大きなスコール（南方特有のはげしいにわか雨）もなく、パンジャン島にともされた目標灯を発見してよろこんだのもつかの間、たちまち前方に立ちはだかる巨大な雲の壁にぶつかった。あますところあと百キロ、この雲のむこうに基地はあるのだが、雲中に入るのは危険だった。

離陸してすでに四時間、しかも悪天候の中の任務をおえての夜間飛行にパイロットたちの肉体も神経も疲労がひどかった。もしこの状態であつい雲の中に入ったら、おそらく機体の姿勢がわからなくなり、果ては墜落の運命はさけられない。大地に足をつけて立っているときとちがい、せまい戦闘機のコックピットにすわって空を飛ぶときの平衡感覚はまるでちがう。水平線や地平線が見えていればそれを基準にすることができるが、雲中や闇夜では対象とするものがない。水平儀という計器を見て姿勢を修正するわけだが、飛行機の外に基準になるものが見あたらないときの前後、左右の機軸の修正は容易ではない。そのうえ、疲労による錯覚が加わると、信じられないような事態がおこる。まして、酸素のうすい上空での思考力は、平常の何割かに低下する。

こうした不安と緊張の連続に人間はそうながく耐えられるものではないが、加藤戦隊長は強い意思力をもって遠まわりするのが最善と判断、北に変針して雲の上に出ることにした。以下、彼の日記にみるこの日の困難な帰還飛行の模様だ。

『高度五千にしてさらに東に方向を転じ二十分あまり、おおむね陸地上空に到達せるもなお雲上に出ずるあたわず。高度六千ないし六千五百をもって雲の谷間を旋回待機し、陸地の照明をもとむ。ときに従う者すでに少なく、四機のみ。雷光を唯一の頼りに待機することしばし、雲の中に光芒（こうぼう）を認む。

しばし判断し得ざりしも船の探照灯なるを直観し歎喜きわまりなく降下に移りしも、ときに光芒を失わんとす。やむなく急降下に決し、速度六百キロ前後にて断固光芒に向かって突進す。

四百メートルにして雲下に出ず。まさに船にして陸地に点々として灯火を認む。ときに従うもの僚機のみ。しばし地点標定し得ず。スペリー（基地の所在を示すため上空に向けて放つ照明灯）と思い直進せるも間もなく消失し、星かと思い一旦（いったん）船の位置に引返しさらに標定。まさにフコク島西北方コムポムソム湾なるものの如く、再度、スペリーと思われる星を標定し、次いでスペリーの点滅によりいよいよ確信を得、飛行場に到達するを得たり。着陸復行、安着す。

　ときに着陸する者、和田、国井、細萱（ほそがや）のみにして、高橋中尉、中道准尉、都築曹長帰還せず。

　僚機の言によれば、中道および都築はパンジャン島を過ぐるころ、すでに錯覚にて上昇反転の如き状態にて姿を没したりと。ああ万事休す。高橋を待つや切。一時まで待機せるもついに姿をあらわさず。明日の出動準備に移る。

　本日の出動者疲労その極に達せしをもって、明日の出動を中止せしむ』

　開戦前夜のこの日の事件はよほどのことだったらしく、ふだんは簡潔な日記に三ページあまりを費やしてギッシリ書き込まれている。

　はじめの予定では、夜間飛行の困難な隼編隊の帰路を、重爆が誘導することになっていた。その頼みの重爆が海に落ちてしまい、戦闘機のみの夜間飛行となったものだが、もし加藤の沈着な判断とすぐれた航法技術がなかったら、おそらく全滅していたのではあるまいか。

「隼」つよし

　明けて十二月八日の開戦日、飛行第五九、六四の両隼戦隊は、四十機そこそこの少数機でマレー半島上空に進撃した。そして爆撃機隊を掩護した五九戦隊の隼は、はやくも敵戦闘機六機（うち不確実四機）を撃墜して初陣をかざった。

六四戦隊と敵戦闘機との本格的な空戦がおこなわれたのは、ややおくれて十二月二十二日となったが、隼は断然強く、十一機を撃墜した。

敵はいずれも、アメリカからイギリスに輸出されたブリュースター・バッファロー戦闘機だった。

イギリス側は、日本の戦闘機が千キロ以上もはなれた仏印の基地から攻撃にやってくるとは想像もしなかったらしく、シンガポールやマレー半島上空にあらわれた隼を、航空母艦から飛び立ったものと思ったらしい。しかし、当時この方面の海域で行動していた日本の空母は一隻もいなかったし、フィリピンを攻撃した海軍の零戦ですら、台湾の陸上基地から発進していたのだ。

はじめて相まみえる米英の第一線戦闘機にたいし、一式戦隼がどの程度通用するかについて、最初はあまり確信が持てなかったようで、十二月二十三日に開かれた航空技術研究所課長会議では、極秘の大東亜戦争情報としてつぎのように報告されている。

『撃墜＝マレー方面百二十、フィリピン四十九、ホンコン十六、計百八十五

戦闘機はバッファロー、カーチスP40、ブリストル・ブレニムで、戦闘力はキ43（隼）と同等。こちらが慣れてくれば勝てるだろう』

撃墜の過半数は、主として隼によるものだが、それでもこうした慎重な評価が〝予想外〟な隼の活躍にたいする戸惑いをしめしているといえよう。

それが、昭和十七年一月二日の航技研会報では『キ43活躍、今のところ戦果大いにあがる』にかわり、さらに二週間後には『一式戦（キ43）充分信頼せり。エンジン充分、機体強度、注意すればしわなど発生せず』となって、ようやく陸軍航空部隊のエースとして信頼されるようになったことがうかがえる。

一式戦闘機隼がマレー方面で対決したカーチスＰ40トマホーク。当初、英軍は隼の飛来を空母からの発進と考えていた。

さんざんいじめられて苦労した技術側にしてみれば、「使いものにならん」とけなしつづけた明野の教官連中の顔が見たい、といったところだったろう。

だが、開戦前の訓練中に一度、そして開戦後にふたたびおこった谷村礼之助少佐（陸士三十八期）の五九戦隊での空中分解事故は、大きな問題となった。九七戦に格闘戦で勝とうと重量をけずった報いであったが、一機でもほしいこの時期に、工場の生産ラインを止めるわけにはいかない。そこで、主翼を応急的に補強し、さらにキ44で試験的に試みた、操縦系統の途中にスプリングを入れてパイロットの急激な操作にたいする舵の利きを鈍くする方法をとることになり、すでに使用中の機体は、二一一号機以降と至急交換されることになった。同時に、飛行試験が進行中のキ43二型の審査を促進し、生産機については徹底的な機体の補強が要請された。

十二月二十三日、九七重爆六十機、九七軽爆二十七機は、九七戦三十機の掩護のもとにラングーン空襲にむかったが、スピットファイア戦闘機隊のはげしい攻撃にさらされ、九七重六機をうしなったほか、被弾機多数という手いたい損害をこうむった。スピットファイアは前方から編隊射撃による攻撃をかけ、下方に反転する戦法だったので、とくに爆撃機の前方射手が多くやられたらしい。敵機が反転するところを狙って、こちらもかなり撃墜したが、スピットファイアに対抗するには九七戦ではもはやどうにもならないことが、誰の目にもあきらかとなった。

そこでマレー作戦に参加していた第六四戦隊を急ぎ転用することになった。一日おいて二十五日、二回目のラングーン空襲に重爆隊を掩護して出動した二十五機の隼は、恨みのスピットファイアを含む敵戦闘機十機を撃墜し、隼強しの声価はますますたかまった。このあと敵機は、隼の姿を見ると恐れをなし、空戦を避けてかかってこなくなったという。

一式戦隼のはなばなしい活躍にたいし、増加試作機九機で編成された坂川敏雄少佐（陸士四十三期）の率いる独立飛行第四七中隊のキ44は少し出おくれた。サイゴンで整備と訓練に日時を費やしたためで、年内は活躍の機会がなかったが、十七年一月十五日に、中隊の黒江保彦大尉（のち少佐、戦後航空自衛隊）が、バッファロー一機を撃墜して初陣をかざった。

実戦の結果ほど強いものはない。ダメだといわれたキ43、あれほどきらわれたキ44にたいする認識はすっかりかわり、航空本部は両機の生産に馬力をかけることに方針をかためると同時に、キ44三型の計画を発展させたキ84の試作を決めた。

開戦劈頭の山下兵団の船団掩護に長いあしの威力を示した隼は、二月におこなわれた落下傘部隊のパレンバン降下作戦で、爆撃隊および輸送機隊に同行して大殊勲をたてた。

降下予定日に先だち、二月六、七、八、そして十三日と、加藤中佐が統一指揮する飛行第五九、六四両戦隊の隼は、新鋭の九七重二型を掩護してマレー半島のカハン基地からスマトラ島パレンバンまで片道千百キロの長距離進攻をやってのけた。そして十四日には、輸送機隊を掩護して降下作戦を成功させた。この作戦ではじめてハリケーンに遭遇したが、敵は隼によって制圧され、日本軍の降下作戦を妨げることはできなかった。

一式戦闘機隼(後方)とブリュースター・バッファロー戦闘機との空中戦。東宝映画「加藤隼戦闘隊」の実写スチール写真。

三月三十日、第一線の状況を視察してかえった航本の野田大佐は、航技研でおよそつぎのような講演をおこなった。

英国の代表的な戦闘機ホーカー・ハリケーン。一式戦闘機隼とスマトラ・ジャワ方面で熾烈な空中戦ののち制圧された。

「戦闘機は速度万能でもよい。キ43とハリケーンは同程度の速度である。ハリケーンは七・七ミリ十二梃だったが、七・七ミリでは効果ない。ハリケーンに攻撃された百式司偵に百発あたったが、落ちなかった。したがって飛行機を落とすには、破壊するのではなく焼くという考えがいい。この点、焼夷効力の大きい十三ミリは現地で評判がよかった。スピットファイア、ハリケーンは、防弾がよく火がつきにくいので、燃料タンクをねらわなければならない。キ44については、操縦性をよくしてもらいたい。空戦フラップは不要である」

これらの戦訓が、キ43二型およびキ44の量産型に反映されたのはもちろんだが、キ44とまだ机上の計画段階にあったキ84の性能向上問題にまでおよんだ。

パレンバン攻略にひきつづいておこなわれたジャワ航空撃滅戦でも、加藤中佐の隼戦闘機隊は完全に敵を制圧、この作戦でわが航空部隊が敵にあたえた損害は、二百五十機にのぼった。おまけに飛行可能なハリケーン二機、バッファロー九機が手に入り、ハリケーンは加藤部隊長みずからテストをやっている。

一方、ビルマに進出したキ44の独立飛行第四七中隊は、ようやく真価を発揮、敵のハリケーンにたいし、速度、格闘性、武装のいずれの点でもまさり、二十機のハリケーン群の中にわずか二機で突っこみ、たちまち二機を落とすという胸のすくような戦果をあげた。

この戦闘で敵は、ヨーロッパ戦線で用いられた二機ごとのロッテ戦法で対抗しようとしたが、突っこみの余勢をかって七百キロの快速で回避するキ44をとらえることは不可能だった。メッサーシュミットMe109に倣った重戦による一撃離脱戦法を実施し、その威力を日本戦闘機隊が体験した初の空戦であった。

太平洋戦争での陸軍航空作戦は、三月末で第一段の作戦を終わったが、当初の予想を上まわる大成功で、マレー、ビルマ、蘭印（今のインドネシア）、インドシナ（今のベトナム）方面であげた成果は、撃墜破千五百三十九機、鹵獲（ろかく）二百三機、飛行場攻撃による撃破二百四十六機であった。

わずか三ヵ月あまりの間に、ほぼ二千機にのぼる大戦果で、この間のわが損害は二百五十八機であった。

第七章　つば競り合い

加藤部隊長の戦死

広大な南方の戦域を縦横に駆けめぐってつねに主役を演じていた隼の泣きどころは武装の弱さであり、それに輪をかけたのが機銃の故障と腔内(こうない)破裂だった。

初期の隼には七・七ミリ機銃とイタリア製のブレダ十二・七ミリ機関砲が各一梃ずつ装備されていた。ところが、イタリア製の弾丸は地上での試射ではよくでるが、空中では調子がわるく、しばしば発射しないことがあった。

これにたいし国産のはよくでるが、機銃の銃身の中で自爆することがよくあり、加藤部隊長の日記のなかにも、しばしばこの故障について書かれている。

『昭和十七年一月十五日、爆撃隊全力と協同攻撃、寸時にして天候不良となりしものの如く、再び雲上より爆撃、効果期待し得ず残念。

高度を低下してテンガー飛行場を偵察するに、十数機滑走路にあり、爆撃隊の行動に飽(あ)き足らず思っていた矢先とて、低空銃撃を加う。一機細き煙にて炎上せる由なるも、戦果期し難し。

　近藤曹長機、腔内破裂にてクラン付近海中に不時着す。案じたるも加藤中尉捜索の結果、稍々安心する所あり。早速救援の処置を講ず』

　文中、「腔内破裂」（膅内破裂ともいう）とあるのがそれで、発射した瞬間に銃身内で弾丸が破裂して自分の機体を傷つけ、墜落してしまったものだ。

『一月十七日、敵機の大部分はスマトラに逃避しつつあるの情報に基き、一二戦隊はパカンバルに目標を変換。小型機も若干あるものの如く、第一、第二中隊を率い攻撃す。

　中層に雲あり、爆撃隊は爆撃不能と判断し、銃撃を加う。二機炎上し、数機にも数十撃を与えたること確実なるも三機として報告す。

　途中、部下の一機燃料の如きものを放き出すを見、地上火器にやられるかと敵愾心憤然と沸き起こる。

　着陸後、僚機より加藤中尉の壮烈にして立派な自爆振りを聞く。腔内破裂に依りモビール（オイルのこと）を顔一面にかぶりたるもにっこりと笑いつつ最期を遂げしこと、如何にも加藤中尉らしく、涙と共に嬉し。武山中尉、斉藤曹長帰還せず、之も機関砲か。

　第三中隊はコンソリデーテッドを銃撃、全機帰還す』

　加藤中尉の悲壮な最期も、結局は機関砲のせいであり、このほかにも二機がおなじく腔内破裂によって墜落したとみられ、この一日だけで貴重な戦力を三人も、みずからの機関砲の事故によってうしなっている。

このほかには確認されないが、やはり機関砲の事故で未帰還になったものもかなりあったようで、敵機ならいざ知らず、自分で自分の機を撃墜するという悲劇は、二型にかわるまでつづいたようだ。

腔内破裂のおそれはあったものの、加藤部隊長を中心とした戦隊の士気は旺盛で、隼の性能を最大限に生かして戦い、ときにはその限界をこえて任務に殉ずることもしばしばであった。だから犠牲者も少なくなく、とくに先頭にたって戦った中隊長クラスの戦死があいついだ。

なかでも空戦の技倆も指揮能力もひときわすぐれ、加藤部隊の副将的な立場にあった第三中隊長安間克巳大尉(戦死後少佐)の死は、戦隊にとっても戦隊長である加藤にとっても大きなショックだった。

四月八日、戦隊の一部を爆撃機の掩護に出したほかは、飛行機整備の日とあって戦隊に出動の予定はなかった。タイ国北部の高原にあるチェンマイ基地は、南方にしては気候のよいしのぎやすいところで、加藤戦隊長以下ひさしぶりにくつろいだ気分にひたっていた。

昼ちょっとすぎ、南支雲南省にあるローウィン飛行場をさぐりに行った偵察機から、高度六千メートルに在空敵機四機、地上に戦闘機十五機がいるという報告が入ったので整備を切り上げ、出動となった。敵の捕虜の情報で「アメリカ義勇軍は、ラングーンいらい相当活躍し、撃墜ごとに日の丸のマークを胴体につけ、勲章を胸にいっぱいつけていたが、いまでは生き残りは数名となり、戦力として大したことはない」と聞かされていた加藤は、戦闘になれさせるよいチャンスと考え、黒木忠夫中尉ら初陣の隊員数名をつれてゆくことにした。

午後一時五十分、戦隊長を先頭にチェンマイを飛び立った六四戦隊主力は、高度四千メートルでローウィン飛行場上空に進入したが、偵察機の報告とちがって地上には大型機一機と小型機二機が認められただけだった。

上空にも敵影を見なかったので地上攻撃にうつり、あっけなく炎上させたが、攻撃をおわって上昇にうつるところへ、不意に敵機が襲ってきた。近くの山かげにかくれていたシェンノート義勇軍のカーチスP40トマホーク二十数機で、まったくの不意討ちだった。

格闘技の得意な隼も低位の不利な態勢ではどうにもならず、四機が撃墜されるという最悪の結果となってしまった。しかも、この中には戦隊の至宝ともいうべき安間大尉がふくまれていたのだ。

まだ新任の中尉だった安間大尉が、当時、飛行第二大隊の第二中隊長だった加藤大尉のもとに赴任したのは昭和十三年のことだった。それいらいずっといっしょだった安間を、加藤はことのほか信頼し、自分の後任には彼をと考えていたらしい。だから、部下をつぎつぎに失いつつも、なんとかその心の痛手をもちこたえていた加藤も、安間大尉の戦死によって一気に心のささえを失ってしまったようだった。

「おれはかならず、今日の恨みをはらしてみせる。いいか、人間はいかなる困難にぶつかっても、投げてはいかんぞ。方法はきっとあるものだ」

戦隊の檜與平中尉にもらした言葉どおり、それからの加藤の戦闘ぶりは以前にもましてはげしいものとなり、やがて運命の五月二十二日をむかえた。

この日の午後二時ちょっと前、雲のおおい空にキーンという金属製の爆音がながれてきた。雲間に見えがくれにアキャブ飛行場にちかづいてくるのは、イギリスのブリストル・ブレニム軽爆撃機だった。高度千五百、海岸線から一直線に飛行場を目ざしている。

「まわせーっ」

右手をグルグルまわして叫びながら、加藤部隊長がまっさきに飛行場にむかってかけだした。いちはやく空にうかんだ部隊長機に大谷大尉、安田曹長、伊藤曹長らがしたがった。

正午には前進基地であるアキャブから後方のトングーにかえることになっていた戦隊主力は、行方不明になっていた清水准尉の捜索の結果をまちわびて出発時間をのばしていた。そこへ、敵機がひょっこりあらわれたのだ。

海上で敵機に追いついた隼編隊は、まるでものにつかれたような戦隊長機にしたがって、くりかえし攻撃を加えた。しかし、海面スレスレを飛ぶ敵機にたいし、こちらも深い角度からの攻撃ができず、それに重装甲でまもられたブレニムは被弾しても一向にこたえる様子はなかった。それどころか、安田曹長機と大谷大尉機が敵の後部旋回機銃によって被弾し、戦列をはなれてしまった。

攻撃十数分、戦闘の舞台はアキャブ西北方九十キロ、アレサンヨウ十キロの沖合いにうつっていた。なおも攻撃の手をゆるめない加藤戦隊長機も、ついに被弾した。ベンガル湾上空二百メートル、火を発しながら飛んでいた戦隊長機は、いきなり反転するとそのまま機首を垂直にして海面に突っこんだ。

ときに午後二時三十分、英雄のあまりにもあっけない最期だった。

戦隊はそれまでに六回の感状を受けていたが、戦死とともに加藤にたいしてあらためて個人感状が与えられ、少将に二階級特進のうえ軍神の称号が与えられた。

「その戦功は一に中佐の特に高邁なる人格と卓越せる指揮統帥および優秀なる操縦技能に負うるものにして、その存在は実に航空部隊の至宝たりしに、ついに壮烈なる戦死の報に接し痛切極まりなし」と書かれた南方方面陸軍最高指揮官寺内元帥の感状の文面からもうかがえるように、加藤中佐（二月に進級）の戦死は陸軍航空全体にとっても痛恨事だった。

飛行機ファンでなくともよく知られている『加藤隼戦闘隊』の歌や、かつての同じ題名の映画（東宝）にも象徴されるように、隼と加藤の名は切りはなすことのできないものだ。隼の活躍は太平洋戦争とともに始まったが、戦線はフランス領インドシナ（仏印＝現在のベトナム）からマレー半島へ、シンガポールからス

英国の爆撃機ブリストル・ブレニム。一式戦闘機隼の武装は脆弱で、重装甲を施した同機を撃ち落とすのに苦労をした。

マトラ、ジャワへ、そしてタイ国からビルマへと急速にひろがっていったが、その広大な地域へのテンポのはやい拡張作戦の空の主役を果たしたのが隼であり、とくにその長大な航続力にあったといっても過言ではない。

隼の行動半径は九百キロから千キロもあり、当時これに匹敵するのは同じ日本の海軍零式艦上戦闘機（零戦）だけであった。いまでも、隼には、東京から鹿児島を攻撃して空中戦をおこない、また、東京に帰ってくるあしがあったといったら、誰もがびっくりするだろう。

「六時間、七時間も操縦席にすわりづめで尻のいたさをこらえながら、不完全な気密装置と、お粗末な酸素吸入装置で、七千メートルの寒空に、ガタガタふるえて攻撃をつづけた若者たちの旺盛（おうせい）な体力と気力は、現在の進歩した航空機に乗っている人たちには、想像もつかない一種の冒険――いや、むちゃくちゃかもしれない。

それを二十歳近くも年上の加藤部隊長が、ときには昼夜にわたって二出撃も三出撃もしたことすらあったのだから、たいへんな馬力である。

地上と海から行なう電撃的攻勢に対応するには、それより前に敵の攻撃兵力をたたかなければならなかったし、実行にあたっては、空の制圧をつづけなければならなかった。だから、ひとつの基地をとれば、その基地からとどく範囲に、精力的な追い討ちをかけたのである。

空で挑戦してくる敵機がなければ、『隼』は超低空にさがって対地攻撃で敵機を燃やし、爆撃機が出動すればそれとおなじ航続距離をもつ『隼』は、爆撃機隊の上空につねに同行し、敵がわが要地を攻撃してくれば舞いあがって反撃し、まさにあらゆる戦場とあらゆる時間に活躍をつづけたのであった。

だからこそ、地上の拡大作戦は成功し、大戦前半の優位は確定したといえる」（「航空ファン」一九六三年十月号『隼と疾風』黒江保彦）

加藤は、太平洋戦争が日本を危機におとしいれ、勝ち目のない戦いになるであろうことを見とおしていた。彼は昭和十四年三月、陸軍大学校を卒業後、寺内大将一行の外国航空事情視察団の一員としてヨーロッパとアメリカをまわった際、アメリカの工業力にとくにつよい印象をうけたようで、帰国後、夫人に「アメリカとだけはけっして戦争をしてはならない」と語ったという。そして戦争への危機がたかまり、隼戦闘機をうけとって内地をたとうとする昭和十六年十月末、夫人に「もしアメリカと戦争をするようになれば、絶対に生きてかえれないだろう」と決意のほどをうちあけている。

敵の実力を知り、日本の実力と隼戦闘機の限界をよく知っていた加藤は、それでもなお軍人としてもっとも勇敢に戦い、指揮官としての自己の任務に最善をつくそうとした。戦死したときは、おそらく肉体的にも精神的にも限界にたっしていたのではないか。

しのびよる戦いの転機

話はややさかのぼるが、隼の制式採用がきまったあと、中島飛行機の小山悌技師長はながい間の過労にたおれ、入院加養の生活を送らなければならなかった。彼が入院している間、じつにいろいろなことがおこった。

まず、彼が視察旅行途中でたおれた昭和十六年八月、会社は彼を取締役に任命した。四十歳になるかならない若い重役で、中島のような大会社としては異例ともいえる抜擢だった。つづいて十月には、朝日新聞社が設定した長尾賞をうけた。飛行機設計における多年の功績にたいして与えられたものだが、当時、重い不眠症にくるしんでいた小山にとっては受賞をよろこぶどころではなかった。

十一月に入ると、空力班長の糸川英夫技師がやめたいといい出した。これからますます多忙になろうという矢先、若手でもっとも有能な糸川にやめられるのはいたい。この大事な時期になんで……と思わないでもなかったが、本人の意思とあればやむをえなかった。

そして十二月、決定的な出来事、太平洋戦争が勃発した。この十二月八日は奇しくも小山がのちに副所長となった中島飛行機三鷹研究所の地鎮祭の日でもあった。朝のニュースで開戦の報を知ってあつまってきた参列者たちは、いちようにおどろきの色をかくすことはできなかった。彼らは日本、すくなくとも陸軍にはアメリカやイギリス相手に充分に戦える飛行機のないことを知っていたし、強大な敵の戦力をあなどるほど楽天家ではなかったからだ。

十二月末、キ43、キ44につづく次期戦闘機キ84の設計要領が、軍から内示され、いよいよわが国初の二千馬力級戦闘機に取り組むことになった。

意外にも戦争は日本軍の一方的な勝利のうちに進展し、はじめは戦争の行方に危惧の念をいだいた人びとも、しだいに楽観的な気分にかわっていった。昭和十七年に入っても日本軍の進撃はいっこうにおとろえを見せず、とくに空にあっては九七戦を主力とする中島飛行機の戦闘機群のはなばなしい活躍が目立った。
制式にこぎつけるまでにあれほど手こずった隼は、一個戦隊が九七戦の二個戦隊に匹敵するといわれるほど信頼されるようになり、気がかりだったキ44もどうやら見なおされて、このままいけば万万歳だったが、四月に入ってからは、こころよい戦勝気分に水をさすような事件があいついでおこった。もちろん、一般国民には精神的な動揺を与えないよう、発表には多分に手ごころが加えられていたが、奇襲と速攻による大勝利ではじまった太平洋戦争（日本では大東亜戦争とよんだ）に、ひそかな転機が、ゆっくりではあるが、おとずれようとしていた。

その最初のものは、小山が病いから職場に復帰して間もない四月十八日、アメリカ陸軍機によって敢行された初の日本空襲だった。

日本本土の南方六百五十浬（カイリ）（約千二百キロ）の洋上から空母ホーネットを飛びたった十六機のノースアメリカンB25ミッチェル爆撃機は、分散して東京、横須

一式戦闘機隼一型（愛国理研号）。太平洋戦争の進展に伴う隼の活躍で、同機にたいして抱かれていた不安は一蹴された。

賀、名古屋、四日市、神戸などに爆弾を投下したのち大陸沿岸に不時着、一部はソ連領に降りた。

奇襲は完全に成功だった。突然なりわたった空襲警報のサイレンに、一般国民はもとより、かんじんの防空部隊ですら虚をつかれてお手上げだった。隼戦闘機の全力を外地の戦闘にだしてしまい、内地の防空部隊には、近代的な高速爆撃機を迎撃するにはあまりにも非力な九七戦しかない、というありさまだった。空襲の被害そのものはたいしたことはなかったが、敵空母をみすみすとり逃がして東京空襲をゆるしてしまった海軍、侵入してきた敵機にほとんど反撃できなかった陸軍——これら軍部のうけた衝撃は大きかった。

このあと五月二十二日、隼の育ての親ともいうべき加藤建夫中佐の戦死、さらに六月に入るともっと痛烈なダメージが待っていた。六月五日、太平洋中部のミッドウェーを攻撃したわが連合艦隊は、「赤城」「加賀」「飛龍」「蒼龍」の主力空母四隻、三百二十二機の艦載機と多数の熟練したパイロットを失い、それまで連戦連勝だった無敵日本軍の神話は無惨にも打ちくだかれた。だが、この敗戦は〝強襲〟という美句にすりかえられ、一般国民には真相を知らされなかった。

ミッドウェー作戦には、もうひとつの知られざる痛恨事があった。それはミッドウェー攻撃の陽動作戦として行なわれたアリューシャン攻略作戦の際におこった。六月五日、ダッチハーバー攻撃にむかった空母「龍驤」零戦隊の一機が被弾し、無人島のツンドラ地帯を草地と見誤って不時着転覆、パイロットは衝撃で死亡した。下がやわらかいツンドラだったためたいした損傷もなく、ほとんど無キズにちかい機体がアメリカ軍の手にわたってしまった。

本国に送られた零戦はすぐに修復され、徹底的なテストと解剖が行なわれた。これによって零戦の神秘のヴェールがはがされ、彼らがたてた戦闘法と飛行機設計の両面にわたる対応策により、零戦の命脈はいちじるしくちぢめられることになったのである。

ミッドウェー海戦を境に、連合軍の反攻の圧力は、にわかにおもくのしかかってきた。

八月七日には、日本海軍が飛行場を建設中だったソロモン諸島のガダルカナル島に有力なアメリカ軍が上陸、この日以降この小さな島をめぐって両軍のはげしい攻防がくりかえされ、日本はとどまることのない消耗戦を強いられることになった。それは、戦死した加藤少将がもっともおそれていたことだった。

内地では隼の量産も軌道にのり、中島飛行機の太田工場の生産ラインからは、毎日数機ずつが工場を出ていった。このころになると、九七戦から隼への機種改変もすすみ、五月には第三三戦隊、四月から六月にかけて第五〇戦隊、七月には第一および第一一戦隊がいずれも隼にかわった。隼も初期の七・七ミリ機銃二梃の一型甲から、一梃を十二・七ミリにかえた一型乙、さらに二梃とも十二・七ミリにかえた一型丙へと、武装が強化されていった。

インド上空の激闘

一時、加藤戦隊長を失って全員が失意のどん底につきおとされた第六四戦隊も、あたらしい操縦者や機材の補充をうけてしだいに活気をとりもどしていた。

ビルマにはながい雨季がある。その雨季は五月末ごろからはげしい雷鳴の前ぶれをともなってやってきて、十月ごろまで約半年もつづく。しかもその雨たるや日本の梅雨(つゆ)のようにシトシトというのとは大ちがいで、男性的な豪雨の連続なのだ。

この間は両軍とも戦闘にならず、まして航空作戦は完全な休止状態になり、それぞれ戦力の培養(ばいよう)につとめていた。とくに相手のイギリス空軍は、開戦いらいの敗北をとりかえすべく、アメリカの支援をうけて質・量ともに充実をはかっていた。

ながかった雨季明けも近づいた九月二日、第六四戦隊のがんばるミンガラドン飛行場に、石川正少佐のひきいる飛行第五〇戦隊が復帰してきた。戦隊長の石川少佐は、飛行実験部で実験隊長今川中佐の命をうけて隼が十時間以上も飛べることを実証してその制式化に一役買った人だ。だが皮肉にも彼が着任した当時の五〇戦隊は九七戦装備で、隼をよく知る石川にとってはおもしろくないところであった。隼の生産増加とともに第五〇戦隊も機種改変が決まり、内地に帰ったのが四月下旬、約二ヵ月で訓練と再編成をおえて六月はじめ、戦隊長以下四十五機が所沢を出発、南方にむかった。しばらくはシンガポールにとどまって防空をかねての錬成をつづけ、充分に力をつけてからもどってきたもので、これと前後して僚友戦隊の第六四戦隊も、内地に帰ってあたらしい隼を受領してきた。

ちょうど雨季明けにタイミングを合わせた両戦隊の勢ぞろいを待って、いよいよ本格的なビルマ方面航空戦の再開となった。その皮切りが、インド・アッサム州の要衝テンスキアにたいする攻撃だった。ここはインド北東部、ビルマの北の国境線であるアラカン山系ナガ丘陵をこえた盆地のはずれにあり、インドからヒマラヤ山脈をこえて中国に戦略物資をはこぶ、いわゆる援蔣ルートの中継基地になっていた。

十月二十五日、満を持した戦爆連合約百二十機がテンスキアに進攻した。九九式双発軽爆撃機三十機と飛行第五〇戦隊の隼二十数機（いずれも第四飛行団）、九七式重爆撃機二型二十四機と飛行第六四戦隊の隼二十数機（いずれも第七飛行団）、総指揮官は第四飛行団長中西良介少将で、攻撃編隊は高度五千五百メートルでアラカンをこえてインド領に入った。

そのとき、攻撃隊員たちは眼前に展開された壮大なパノラマに思わず息をのんだ。前方はるか北の彼方に、深い紺碧の空を背景にして、雲上に頭を出して城壁のように連なる白銀の連峰がそこにあった。それは、まがうかたなきヒマラヤ山系の一部だ。さえぎるもののない太陽の光をあびて、白銀に輝くその山容の神々しいばかりの美しさに、戦争もしばし忘れて見惚れ、

「とうとうヒマラヤまで来てしまった」という感慨が胸をよぎった、と六四戦隊の指揮官としてこの攻撃行に参加した黒江保彦大尉は述懐している。

だが、それもいっときに過ぎず、ヒマラヤが近づくにつれて感動はいつしか消え、緊張が高まった。やがてインドの大河プラマプトラ川が眼下に見え、テンスキア飛行場群上空に進入した。

まず身軽な九九双軽隊三十機が超低空に舞い降り、援護の五〇戦隊の隼とともにテンスキ

ア第一飛行場に突入した。重爆隊二十四機は高度を持したまま、六四戦隊の隼の掩護のもとにテンスキア飛行場群西端のオークランズ飛行場上空に達すると、いっせいに爆弾を投下した。

その直後、黒江中隊長機を先頭に六四戦隊の隼が急降下にうつった。ぐんぐん大きくなる飛行場に、もうもうと砂塵をあげて走る小さな点が見えた。それは予想された敵戦闘機で、隼が攻撃可能な位置につく前に五機が離陸してしまった。敵戦闘機はカーチスP40トマホークだった。

「空戦にそなえて視界がはっきりするように、天蓋（風防のスライド部分のこと）を左手で押し開いた。すごい風が座席のなかを吹きまくった。息もはきにくくなる。

中隊長黒江大尉は急降下の加速を巧みに処理しながら、編隊を絶好の攻撃位置に導いてゆく。

六機目が滑走路を走っている。機首のとんがった精悍そうなP40だ。後上方から私たち三機はグングン迫っていった。

敵機がフワリと滑走路から浮かび上がった。照準眼鏡をのぞいてみた。うまく敵機が入っている。援降下の姿勢に立てなおした中隊長機から二条の閃光弾道がスッと伸びて、敵戦闘機の胴体に突きささった。距離五十メートル。タイプライターのように、敵機に黒点が印されてゆく。

十メートルの高度で敵は真っすぐに逃げる、まだ車輪も引っこめていない。黒江機がグッと引き起こして、右寄りに急上昇した。

今度は私の番だった。照準十字線の中心に敵の座席が入ってきた。風防をすかして青白い顔のパイロットが私をチラッとふりあおぐのが見えた。操縦桿を少し引いて、前方に修正する。

高速を生かした一撃離脱戦法で、九七式重爆撃機の編隊を攻撃するカーチスＰ40戦闘機（東宝映画「加藤隼戦闘隊」より）。

発射ボタンを引いた。エンジンの轟音の中にカタカタと機銃の音がまじった。Ｐ40の小さな表面に命中弾が炸裂するのが目に入った。

アッという間に敵機は大きくなる。操縦桿をいっぱいにひいて機を引き起こした。フットバーを踏み、スロットルを全開にして右に急上昇した。旋回上昇しながら下を見ると、細萱機からも曳光弾が敵のエンジン部に注ぎこまれていた。

三機の命中弾をうけても、敵はしばらくそのまま飛んでいた。しかしすぐにエンジンから白煙が出て、プロペラがとまった。スピードが落ちたと思うまもなく、下の畑に接地した。二、三度はねて土煙りがあがり、そのなかに車輪が吹っ飛ぶのが見えた。

うすれゆく砂塵のなかに、機体から飛び出す人影がだ。

動いた。パイロットは一目散に走ってゆく。私は攻撃をやめて中隊長機を追い、編隊を組ん

先に上がった五機のP40に用心した。編隊で高度を回復しながら飛行場を見ると、味方の『隼』がさかんに乱舞して対地攻撃を加えていた。DC3輸送機が燃えて、黒い煙をモクモクと上げていた。

この日の戦果は三十機以上を撃墜破したが、いっぽう味方は上野少尉ほか二名のパイロットを失った」(安田義人著『加藤隼戦闘隊』河出書房刊)

撃墜十機以上の記録をもち、加藤戦隊長の最期を見とどけた一人でもある六四戦隊の安田義人曹長(のち准尉)は、この日のテンスキア攻撃の様子をこう綴っているが、雨季あけの第一撃は完全な奇襲となって成功をおさめたようだ。

キ43二型対新型ハリケーン

十月二十五日の大勝利に引きつづいて、翌二十六日には五〇戦隊と協同の戦闘機だけ、さらに一日おいて二十八日にはまたもや戦爆連合で進攻し、第一段のテンスキア攻撃作戦をおわったが、この方面の敵空軍の増強ぶりは相当なものだった。

隼にたいして劣勢だったホーカー・ハリケーンは、七・七ミリ八ないし十二梃のMK2Aおよび2Bに代わり、主翼前縁に二十ミリ機関砲四門が突き出た2C型にかわり、防弾タン

クや装甲板をつけた新手のハリケーンは手ごわい敵となった。

いっぽう、日本側でも隼の性能向上には、はやくから着手していた。エンジンを九百五十馬力のハ二五から千百五十馬力の二速過給器つきハ一一五にかえるとともに、プロペラも二翅から三翅として動力性能を強化したキ43二型試作機が、昭和十七年二月から五月にかけて五機つくられた。

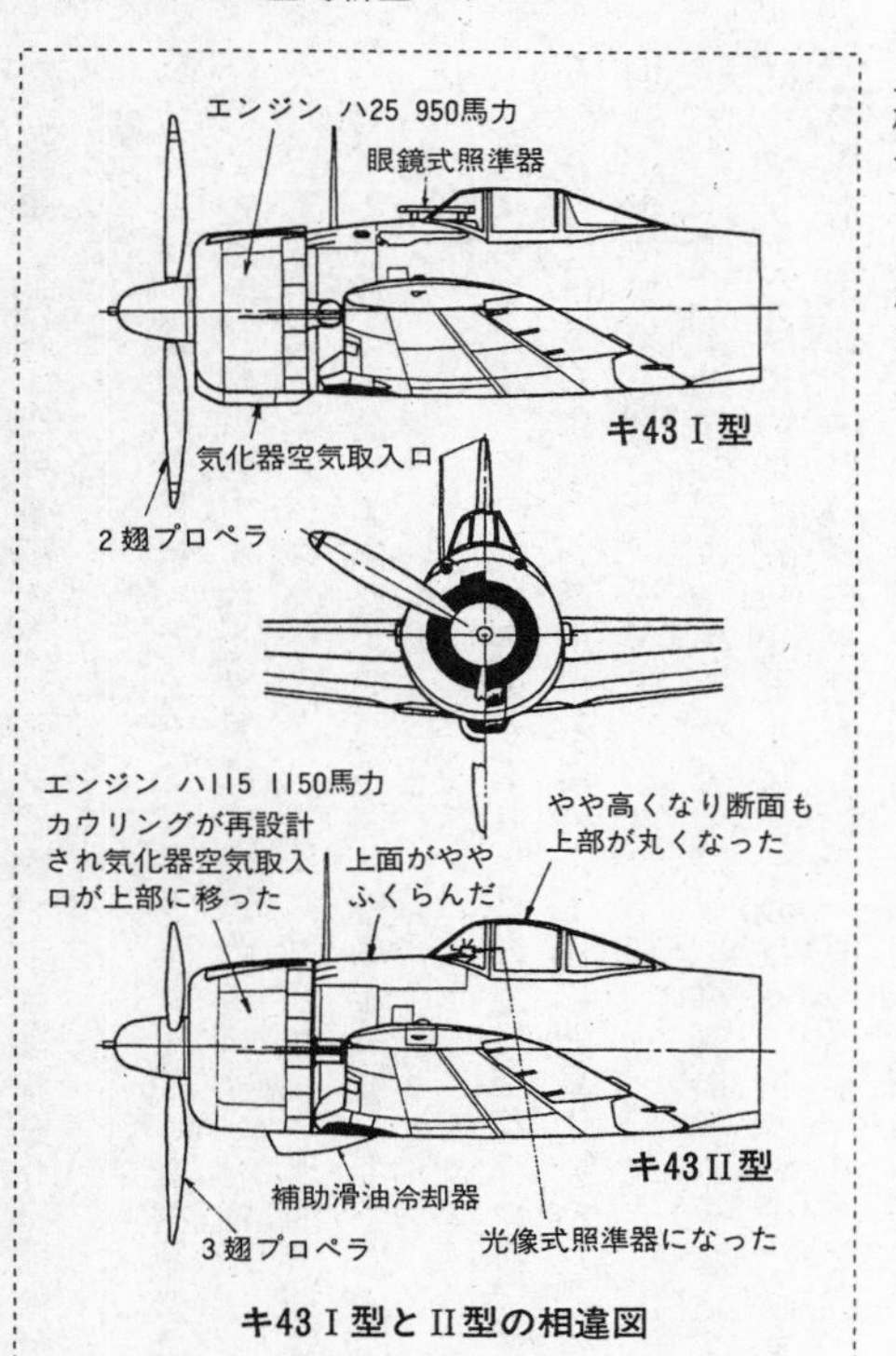

キ43 I 型とII型の相違図

気化器がエンジン上部にうつったので、それまでカウリングの下側にあった空気取入口は、上部にうつると同時にカウリングと一体になった。カウリングは完全に再設計となり、カウリングの角も丸味がまし、全体的に大きくなったカウリングに合わせて風防前面の胴体上部もふくらんだ。

この結果、無細工な弾帯部の出っ張りのカバーもなくなり、機首付近の形状は一段とスマートになった。

カウリング部分の変更は、おなじエンジン変更をやった海軍の零戦二一型と三二型の関係に似ているが、零戦の方が約十ヵ月はやかった。

キ43二型では、エンジンのパワー・アップにともない滑油冷却器の容量がたりなくなったので、九七戦いらいのエンジン前面の環状冷却器に加えて小型の冷却器をカウリング下面にとりつけた。

二型にも甲、乙、その他の各型があり、外観上は二型乙になって排気管が推力排気管となり、後期にはさらに推力を活用するためと工作の簡易化をねらって、ほかのおおくの日本機同様、分散排気管とした。

また、環状滑油冷却器をやめ、大型の蜂巣型冷却器をカウリング下面にとりつけた。同時にカウリングはまたまた設計変更となり、機首の形状はいっそう丸味をおびたものになった。このあたりの変化は隼の写真を見るときの一つのポイントとなろう。

胴体前部の形状がかわったので、視界をよくするため座席もやや高い位置にセットされ、風防も一型では断面が角ばっていたのにたいして丸味をおびたものになった。

十二・七ミリ機関砲二門の武装は一型丙とかわらなかったが、照準器がそれまでの眼鏡式から光像式にかわった。このことはたんに風防の外に突出して空気抵抗となっていたものがなくなったばかりでなく、照準のため目を接眼部に近づけてムリな姿勢を強いられるパイロットたちの負担を大いに軽減した。

機体については胴体前部だけでなく、主翼も翼幅が一型の十一・四四メートルから十・八四メートル、つまり片側で三十センチずつ短縮され、翼端の形状も丸型から楕円にちかいやや角ばったものにかわった。この結果、主翼面積は二十二平方メートルから二十一・二〇平方メートルに減り、逆に全備重量は二千五百八十キロから二千六百四十二キロにふえたので、翼面荷重は一型の百十七・三（キロ／平方メートル）から百二十四・六になったが、当時の水準からすれば重戦にはほど遠いものだった。

それでも自動混合比調整装置（AMCとよばれた）をつけ、エンジン出力が約二百馬力ふえた二型の最高速度は、一型の四百九十キロ（高度四千メートル）から五百十五キロ（高度六千メートル）に向上したが、上昇性能は五千メートルまで一型では五・二分だったものが六・四分におちた。

試作機五機にひきつづいて六月から八月にかけて、さらに増加試作機が三機つくられ、一式戦闘機二型として採用と同時に量産に入った。

二型は隼のなかでもっともおおく、中島飛行機だけで二千四百九十二機、ほかに立川飛行機や陸軍航空工廠でも相当数がつくられている。

二型の完成にともない、三ヵ月ほど前にあたらしい機体を受けとったばかりの第六四戦隊に、二型への機種改変が命じられた。

十二月中旬、ラングーンからシンガポールをへて戦隊が内地にかえり、陣容をととのえてビルマのトングー基地に復帰したのは昭和十八年二月はじめのことだった。一個中隊が十二機、三個中隊三十六機の新鋭一式戦隼二型の進出にともない、第五〇戦隊がおなじく二型に機種改変のため後退していった。

　こうして隼二型とハリケーン2C型の新鋭機同士の対決となったが、ヨーロッパ戦線で余裕の生まれたイギリス空軍は、多数のハリケーンやカーチスP40を増強したのにたいし、わが戦闘機は第六四戦隊の三十六機だけとあっては、およそ勝ち目はなかった。

　隼二型とハリケーン2Cの諸元および性能をくらべるとつぎのようになる。

	隼二型	ハリケーン2C
エンジン	ハ一一五　千百五十馬力	ロールス・ロイス「マーリン」20千二百六十馬力
翼面積	二十一・二〇平方メートル	二十三・九七平方メートル
全備重量	二千六百四十二キロ	三千三百十一キロ
翼面荷重	百二十四・六	百三十八・一
馬力荷重	二・三	二・六二
最大速度	五百十五キロ／時	五百三十キロ／時
航続距離	二千二百キロ（最大）	七百四十キロ

　単純に数字だけの比較からすると隼のほうが翼面荷重も馬力荷重も小さい。しかも敵地に進攻するため燃料を多く消耗する隼の場合、空戦を交えるときの全備重量はかなり軽くなる

ので、この数字はもっとかけはなれたものになり、上昇あるいは格闘戦で有利なはずだ。そのかわり突っこみ速度は、重くてエンジン出力の大きいハリケーンに歩があるといえる。だから隼としては格闘戦に持ち込むことがのぞましいことだったが、武装の差は数字の比較以上のものがあった。

二十ミリ機関砲四門のハリケーンにたいし隼は十二・七ミリ二門。この劣勢はあきらかだったが、当時すでに常識となっていた主翼内の機関砲装備が隼にはできなかった。もともと九七戦の延長と考えられていた隼にたいしては、最初から翼内に機銃や砲を装備する考えはなく、主翼の構造も軽量化をねらって三本桁としていたから、機関砲や弾倉などを取りつけるためには主翼

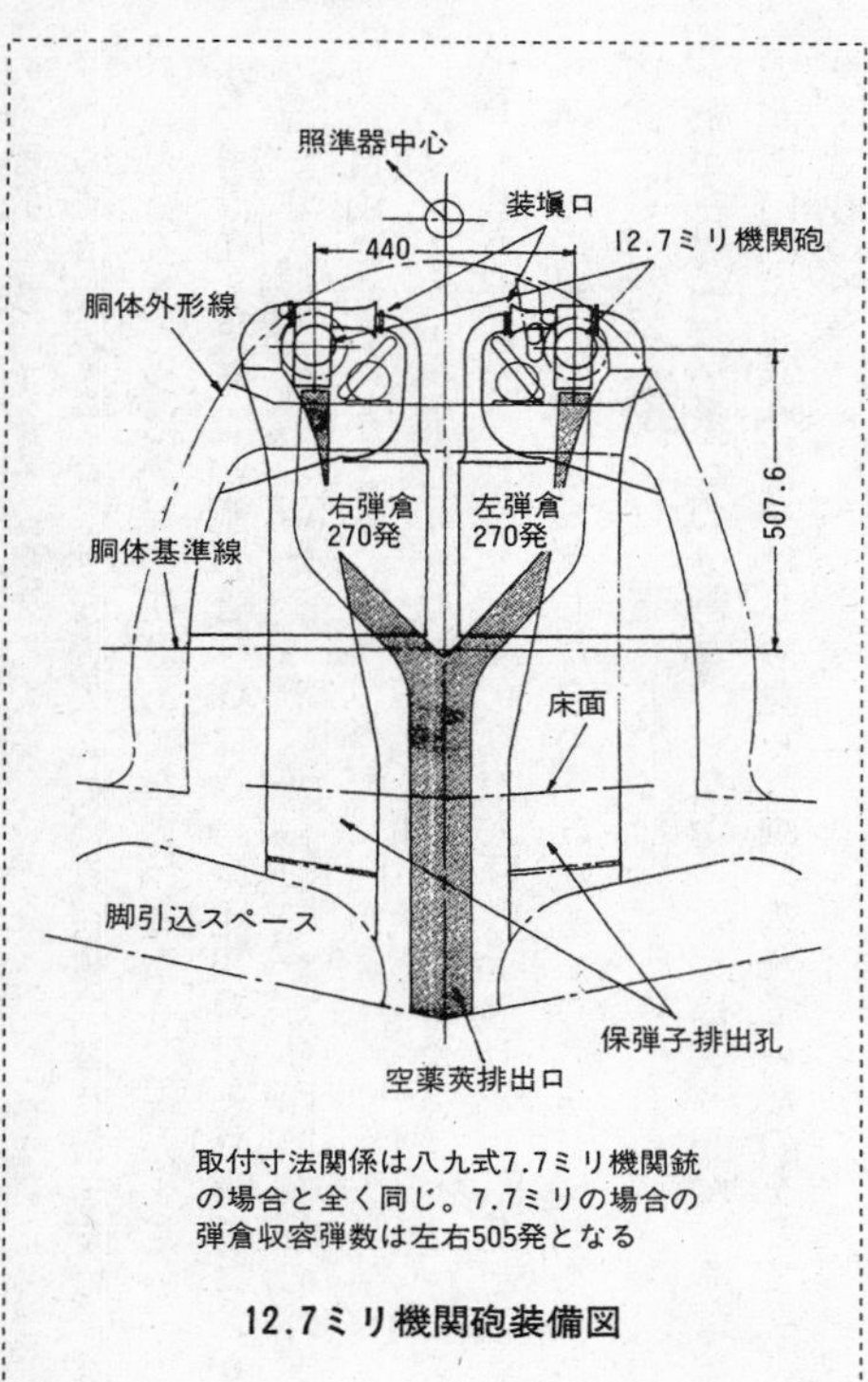

12.7ミリ機関砲装備図

の全面的な設計変更を必要とした。

この点は複雑なプロペラ同調装置がいる胴体機銃装備をやめ、はじめから主翼内装備だけだったハリケーンに先見の明があったといえよう。

ハリケーンは主翼が胴体と一体になった中央部分と外翼部にわかれる構造だったので、七・七ミリ八梃装備あるいは十二梃、さらに二十ミリ四門装備の外翼部分を交換することにより、自由に武装をかえることができた。

ハリケーンとともにイギリス戦闘機の双璧だったスーパーマリン・スピットファイアも同じ考え方のもとに、七・七ミリ八梃のA翼、七・七ミリ四梃と二十ミリ二門のB翼、二十ミリ四門のC翼の三種類のうちからいずれかをえらべる、いわゆるユニヴァーサル・ウイング方式をとっていた。

桁が左右一体で主翼の分割ができなかった隼はこうしたマネはできず、同時期の海軍の零戦が翼内二十ミリ装備をはじめから計画に入れていたのをみても、武装の点ではあきらかに失敗であった。

わが戦闘機隊が劣っていたのは、単に機材、武装だけではなかった。

情報によれば、当面する敵は六百機以上で、ビルマ北部や東部国境付近の飛行場に、ほぼ三、四十機単位のハリケーンやP40を配備しているということだった。

これに対抗すべきわが戦闘機隊の兵力は、ビルマ全土でわずかに六四戦隊の隼十五機ないし十八機で、お話にならない数の劣勢をひんぱんな出動でおぎなわなければならなかった。一ヵ月の攻撃予定表には、アキャブ地区、チッタゴン、フェンニー、東部国境の雲南駅、あるいは昆明攻撃と、間に整備日をはさんでほとんど一日置きの出撃があり、五〇戦隊のいない二月から三月にかけての航空作戦は、肉体的にも精神的にも限界を超えていた。

二月十二日のアキャブ上空の空中戦で、加藤中佐戦死のあとを継いで戦隊長になった八木正己少佐が戦死したのもそのせいで、その日から明楽武世少佐が戦隊長代理として指揮をとることになったが、その明楽少佐もすぐに八木のあとを追うことになった。

二月二十日、明楽少佐指揮のもとに、十一機の隼が九九双軽三機を掩護してアキャブ前面の敵砲兵陣地攻撃に出動し、爆撃が終わったあと戦闘機隊だけで飛行場攻撃のため引き返した。

ここで出現したハリケーン数機に対して攻撃を加え、数の優位のもとに理想的な編隊空戦を展開してほとんど全機を撃墜したが、それからわずか三日後——第二次テンスキア攻撃初日の二月二十三日、明楽少佐は戦死した。

九七式重爆二十七機を掩護する隼二十数機に対して、敵は二倍近いカーチスP40四十機。しかも隼には重爆を守るため自由に動けないというハンディがあった。

この日の損害は大きく、重爆五機と戦闘機三機が未帰還となった。皮肉にもこの日、明楽少佐に戦隊長任命の電文がとどき、はからずもその電文は通夜の霊前へのはなむけになってしまった。遺品の中に一管の尺八があった。彼は都山流尺八の名手で、美しい夫人とのロマンスの思い出でもあるその尺八を出撃のときもはなしたことはなかったが、なぜかこの日はもたずに出ていったという。

明楽少佐の後任には間もなく広瀬吉雄少佐が戦隊長として着任してきたが、加藤、八木、明楽と、わずか一年たらずの間に戦隊長が三人も戦死したことは、いかにこの方面の戦闘が苦しいものであったかを物語っている。

三月末になると一式戦二型にかわった五〇戦隊が復帰してきたが、個々の戦闘では戦果をあげても戦いの主導権がこちらにうつることは二度となかった。

第八章　苦闘する「隼」

ラバウル進出

時間的に少しさかのぼるが、アメリカ軍がガダルカナル島に上陸した昭和十七年夏いらい、ソロモンおよび東部ニューギニア方面は連合軍の本格的な攻勢開始によって激烈な戦場と化した。広大な海面のひろがるこの戦域を日本軍は南東方面とよんでいたが、この方面の航空作戦は主として海軍航空部隊が担当し、優勢な敵の航空兵力と対峙していた。ラバウルを主要拠点として展開していた海軍航空部隊の練度はたかく、しばしば敵を圧倒したが、アメリカ陸海軍とオーストラリア空軍が束になってかかってくる連合軍にたいし、いかに精鋭であるとはいえ海軍航空部隊だけでは手がまわりかねる。そこで海軍は早くから有力な陸軍航空部隊の加入を要望していたが、大本営としては実施をためらっていた。なぜなら、主として海上が作戦区域となるこの方面に、海になれない陸軍航空部隊を投入することに不安があったからだ。陸軍のパイロットたちの多くは、何の目標もない海の上を飛ぶことに本能的なおそれをいだいていた。まれには加藤建夫少将のような例外もあったが、航法の苦手な単座戦闘機のパイロットたちは海上をとぶことをいやがった。だが、日ごとに増大する連合軍の圧力と海軍航空部隊の苦闘を前にして、大本営もついに踏み切らざるを得なくなった。

十一月なかば、南方戦線あるいは遠く北のソ満国境にいた関東軍航空部隊からもかなりの兵力を南東方面に転用することが決まった。

その第一陣は、ビルマ、蘭印方面で作戦していた岡本修一中佐の第一二飛行団で、まず雨季明けのビルマ航空作戦増強のためラングーン郊外のミンガラドン飛行場に進出していた飛行第一一戦隊から転出することになった。

「陸軍戦闘機隊として、はじめて南東方面に進出する部隊だ。すでに目ざましい活躍をしている海軍戦闘機隊にヒケをとらない精鋭を送り込もう」とは、陸軍上層部の一致した考えであり、えらばれた隊員たちにも「海軍に負けるものか」という意地と誇りがあった。

第一二飛行団の第一および第一一両戦隊は、陸軍戦闘機隊の中でももっとも歴史の古い名門であり、隊員にはノモンハンいらいのエースも数おおくいた。だが、南方総軍はこれらの南方初進出部隊を強化するため、ビルマの第六四戦隊の八名をはじめ、各戦隊からなけなしの人員、機材を引きぬいて配属した。

とくに先陣をうけたまわる第一一戦隊は、三十七機の定数にさらに予備機として二十四機を加えて六十一機となり、パイロットも六十一名のうち技倆甲四十七名で、当時の陸軍戦闘機隊としてはもっとも強力な陣容となった。

南東方面の日本軍の戦略拠点となったラバウル。陸軍戦闘機隊として初の洋上進出は、一式戦隼によって成功を収めた。

十二月はじめ、スラバヤから航空母艦「雲鷹」でトラック島に運ばれた第一一戦隊は、数日を整備と休養についやしたのち、いよいよ空路ラバウルにむかうことになった。

トラック島からニューブリテン島の北端にあるラバウルまでは直線で約千四百キロ、隼の航続距離をもってすれば何ということはないし、海軍の零戦はすでにこのコースによる空中移動を日常のことにしていた。

しかし、戦闘機の大編隊による空中移動は予想外に燃料を食うし、それに海になれない陸軍さんにもし万一のことがあっては、と海軍は一式陸上攻撃機九機を誘導につけるなど、たいへんな気のつかいようだった。

整備員たちも真剣だった。エンジン不調で引き返すような飛行機でもだしたら陸軍の名折れだとばかり、整備も一段と熱を入れて行なわれた。

こうした周囲の心づかいもあって十二月十八日、トラック島をあとにした杉浦勝次少佐以下の第一一戦隊は、一機の故障もなく陸軍戦闘機隊として初の洋上コースによるラバウル進出に成功した。

海軍の陸攻隊の基地であるラバウル西飛行場（ブナ

カナウ飛行場ともよばれた）に布陣した第一一戦隊の相手は、主としてポート・モレスビー基地群に展開していたアメリカ陸軍第49戦闘大隊のロッキードP38ライトニングで、この部隊にはアメリカ陸軍航空隊のトップエース・リチャード・ボング少佐をはじめ、リンチ、スパークスといったエースたちがいた。

ロッキードP38は、千三百二十五馬力のアリソン液冷エンジン二基を積み、時速六百キロ以上をだす高速機で、全備重量約八トンはわが陸軍の九九式双発軽爆撃機のそれを一トン半も上まわる典形的な重戦闘機だった。しかも武装は十二・七ミリ四、二十ミリ一という強力なもので、十二・七ミリわずか二門の隼二型ではどうみても力不足は明らかだった。

まだこの方面の戦闘になれていない陸軍航空部隊は、敵地への進攻は海軍にまかせ、もっぱらラバウル防空の任にあたった。

隼による最初の防空戦は、十二月二十二日、二十三日とつづいて偵察にやってきたボーイングB17「空の要塞（フライング・フォートレス）」にたいするものだった。二十二日には隼三機、二十三日には九機でそれぞれ一機のB17を攻撃したが装甲のあついB17を落とすことはできず、ビルマ戦線におけるコンソリデーテッドB24同様、アメリカ四発大型爆撃機撃墜の困難さをあらためて思い知らされたが、かれらはくじけなかった。

〝伝統ある戦隊の名誉にかけて〟とばかり奮起した戦隊全員の闘志は、ついに昭和十八年一月五日のB17二機撃墜の戦果となってあらわれ、隼でもB17を落とせるという自信をもたらした。

もっとも、B17は二十ミリをもつ海軍の零戦ですらなかなかおとせなかったのだから、十二・七ミリわずか二門の隼にはかなりむずかしい相手だったといえる。

第一一戦隊によるB17初撃墜より少し前の十七年十二月二十七日、海軍の零戦とともに九九式艦上爆撃機を護衛してニューギニア北東岸のブナに進攻した杉浦戦隊長直率の三十一機は、はじめてP38と交戦して七機を撃墜した。

この日は急降下爆撃を敢行する艦爆隊の直掩だったため戦闘高度も低く、P38の特性である高空での高性能が生かせなかったこと、隼の得意とする格闘戦法に引きこむことができたなど好条件がかさなったのが勝因だった。

昭和十八年に入ると連合軍のニューギニア進攻が一段と活発化したため、ラエの防備強化にラバウルから輸送船団を送ることになった。敵航空基地群がちかく、制空権の行方がまだいずれともつかないこの時期の船団輸送には多分に危険があったが、ラエ、スルミに進出した第一一戦隊は海軍の零戦隊と協力、一月五日の船団出港から十日の帰港までのべ二百八十三機で上空掩護にあたり、わずか輸送船二隻の沈没というわずかな損害にとどめることができた。この間に来襲したB17、B24、P38、ダグラスA20攻撃機など約百六十機と交戦して十五機（うち不確実十三機）撃墜の戦果をあげたものの飛行機の損失十六機、パイロットの戦死七名、負傷三名という大きな損害をだした。

とくに、一月七日、八日の両日は一機平均三回も出動し、飛行時間十時間をこえる者もあったというほどの酷使で、パイロットの疲労も極限にたっした。それでもなお任務を果たすことができたのは、ひとえに一一戦隊のパイロットたちの技倆と士気のたかさによるものだが、こうした酷使がたたって一月九日には出動可能機が十五機と、いっきょに半減してしまった。だから一月九日、僚友戦隊である飛行第一戦隊主力三十二機のラバウル進出は、疲労し切った一一戦隊にかわる新戦力として大きな期待がかけられた。

第一一戦隊同様、トラックから空路やってきた第一戦隊も、落伍機は一機もなかった。このことは中島製のハ一一五「栄（さかえ）」エンジンとともに隼の信頼性のたかさを示すものであり、約四ヵ月あとにおなじコースでラバウルに進出した三式戦闘機飛燕部隊の惨憺（さんたん）たる結果と好対照だった。

はじめて全兵力がそろった第一二飛行団には、十七年十二月三十一日に大本営が決定したガダルカナルからの撤退作戦の掩護というきわめて困難な作戦が課された。

最初のころ、海軍の零戦隊はラバウルからガダルカナルまで片道千キロ以上の長距離を進攻するというきわどい作戦を強いられていたが、このころになると中間にブイン、ブカ、バラレなどの基地ができ、戦闘機の行動はだいぶらくにはなった。

約一ヵ月にわたるガダルカナル撤退作戦掩護をおえた第一二飛行団は、二月はじめにラバウルにもどったが、その直後の二月六日、一転して東部ニューギニアのワウに進攻した第一一戦隊はP38、P40の奇襲をうけ、杉浦戦隊長をはじめ中隊長クラスを含む四名を失うという手痛い打撃をこうむった。

ヒシヒシと押しよせる敵の重圧は第一戦隊をも襲い、第一二飛行団の全力をあげて行なわれた三月二日から三日にかけての陸軍第五十一師団のラエ輸送掩護作戦では、強力な敵航空部隊による攻撃で船団がほとんど全滅したばかりか、着任早々の戦隊長沢田貢少佐が戦死してしまった。

隼二型約百二十機がラバウルに勢ぞろいした昭和十七年十二月は、あとから考えれば隼の最盛期だった。隼の後継機である二千馬力級重戦キ84（のちの四式戦闘機疾風）はまだ試作の途中にあり、液冷エンジン装備のキ61（のちの三式戦闘機飛燕）は、ようやく第一四飛行団の第六八、第七八両戦隊への引きわたしがはじまったばかりで、まぎれもなく隼が陸軍戦闘機隊の主力だった。

十二・七ミリ二門の貧弱な武装と五百十五キロの最大速度は、すでに時代に取り残された感があったが、海軍の零戦とともにその長大な航続性能を生かしてガダルカナルに進攻し、あるいは東部ニューギニア上空で優勢な連合軍航空兵力を相手に健闘した。だが戦隊長クラスをはじめパイロットのあいつぐ戦死と、これを上まわる機材の喪失により、戦力の低下は目にあまるものがあった。

そこで新鋭三式戦闘機飛燕部隊が進出することになったが、昭和十八年四月二十七日、トラック島を飛び立った第六八戦隊の第一陣十三機は途中、エンジン・トラブルや海上航法の失敗で無事にラバウルに到着したのは一機のみという惨憺たる結果となった。

誘導の百式司偵との空中集合に失敗したこともあったが、かつて第一一戦隊の隼六十一機が一機の落伍もなく全機到着したのにくらべ、パイロットの技倆もさることながら機体の信頼性に大きな問題があった。

飛燕は十二・七ミリ四門（一型乙）、最大速度五百八十キロで、もし順調に働けば隼にかわって陸軍主力戦闘機の座につくべき機体だったが、日本の陸海軍を通じて不なれだった液冷エンジンを装備したことが裏目に出て、悲しいデビューとなった。

飛燕戦闘機隊がラバウルに進出してくるより少し前の四月十八日、日本にとってもっとも衝撃的な事件、すなわち連合艦隊司令長官山本五十六大将の戦死という最悪の事態がおこった。

ソロモン、ニューギニア方面の増強いちじるしい連合軍航空兵力をたたくための「い」号作戦の指揮をおえた山本長官は、バラレ、ショートランド方面の基地を視察激励するため一式陸攻二機に分乗、零戦六機の護衛のもとにラバウルを出発したが、ブーゲンビル島ブインの手前で、ガダルカナルから飛来したP38戦闘機隊の襲撃をうけて乗機もろとも墜落、戦死してしまった。

日本海軍の暗号がすべて敵側によって解読され、事前に周到な準備をととのえての待ち伏せだったが、山本長官の死が日本軍全体に与えた精神的ダメージは大きかった。

しかし、これで日本軍がヘナヘナと腰くだけになってしまったわけではない。補給の不足による体力の低下、マラリア、アミーバ赤痢などの伝染病のひろがり、休みなし交替なしの連続出動による疲労のつみかさね、絶望的な物量の差など、あらゆる悪条件とたたかいながら連合軍の強大な圧力を必死にはねかえそうとしていた。

この辺で、第六四戦隊とともに隼戦隊としてもっとも古い飛行第五九戦隊に目を転じてみよう。

ポート・ダーウィン空襲

南方の第一段進攻作戦の終了とともに、ビルマ方面をうけもつことになった六四戦隊と別れた五九戦隊は、第三飛行団に属する唯一の戦闘機隊としてジャワ方面の防空任務についた。連戦で戦隊長、中隊長クラスをあいついで失った六四戦隊にくらべ、比較的平穏な一年を送った五九戦隊も、昭和十八年に入ると様相が一変した。

二月九日、チモール島北方の輸送船団がロッキード・ハドソン爆撃機九機の攻撃をうけた際、上空直掩の戦闘機隊を指揮していた開戦いらいの戦隊長中尾次六少佐が戦死するという悲しい出来事がおき、以後、それまでの一年とは比較にならないニューギニア戦線の苦闘の一年を送ることになった。

ちょうどこのころ編成された第七飛行師団では、陸軍機によるオーストラリア攻撃を計画、ひそかに準備をはじめた。

ニューギニアあるいはソロモン方面にたいする後方基地として、オーストラリアのポート・ダーウィンの戦略的価値はきわめて大きく、開戦三ヵ月後にはやくも日本海軍機動部隊による攻撃が行なわれたが、その後、ダーウィンはさらに強力な拠点となり、この方面の日本軍にとって目ざわりな存在となっていた。

これにたいし日本海軍航空部隊は昭和十八年三月三日、一式陸攻と零戦による戦爆連合の空襲を敢行、その後、六月までに数回をかぞえたが、そのつど零戦隊は邀撃してきたスピットファイア戦闘機隊にたいし一方的な戦果をあげたばかりでなく、一式陸攻隊をほぼパーフェクトにちかい掩護ぶりをしめした。

そこで、この方面で共同戦線を張る陸軍航空部隊としては、面子(メンツ)にかけても単独のポート・ダーウィン空襲を成功させたかった。

しかし、ポート・ダーウィンまではもっとも近いチモール島クーパン基地からでさえ直線距離で約八百五十キロあり、ダーウィン上空での空戦を考えると往復千七百キロという距離は、戦闘機にとってきわめて苛酷な航程だ。とくに、海上での行動訓練が不充分な陸軍航空部隊にとってはなおさらのことだった。

クーパンからポート・ダーウィンにいたるチモール海上には島がまったくなく、片道約三時間の飛行はただ青い海の連続だった。しかも、こうして到達したポート・ダーウィン上空にはドイツ空軍を相手にかくかくたる戦果をあげて、ヨーロッパ戦線から引きぬかれた精鋭スピットファイア戦闘機隊が待ちかまえていたのだ。

第七飛行師団に属する第五九、第六〇、第七五の各戦隊が、この作戦にそなえて訓練を開始するいっぽうでは、ポート・ダーウィンにもっとも近いチモール島東北岸のラウテン秘密飛行場が攻撃基地にえらばれ、着々と準備がすすめられた。

決行は六月二十日と予定され、前日には第五九および第六〇の両戦隊がラウテン飛行場に進出した。六〇戦隊は重爆部隊で、当時はまだ一般国民には知らされなかった新鋭の百式重爆（この年の九月十日、戦闘機鍾馗、百式司偵とともに新鋭重爆撃機呑龍として公表された）で編成されていた。第七五戦隊は九九双発軽爆撃機の部隊である。

九七重爆の後継機として、武装と防備を強化された百式重爆撃機呑龍。ポート・ダーウィン空襲でその性能を発揮した。

空襲決行X日に先だち、百式司偵は連日、オーストラリア上空にむけて飛びたち、綿密な写真偵察を行なっていた。連合軍側はこの百式司偵を〝写真屋のジョー〟とよび、そのつどスピットファイアを緊急発進させたが、高空を高速で飛行する〝ジョー〟は、それをまるであざ笑うかのようにゆうゆうと仕事をすませて姿を消した。

彼らはこれまでの経験から〝ジョー〟がやってきたあと、かならず日本機の空襲があることを知っていた。六月二十日朝、ラウテン飛行場は、大地をゆるがす爆音につつまれていた。

午前七時三十分、重い爆弾をだいた六〇戦隊の百式重爆からさきに離陸を開始した。百式重爆は九七重爆の後継機として中島飛行機で開発されたもので、強力な武装と防弾装備をもっていた。陸軍機として初の本格的な尾部銃座をもち、また後上方には二十ミリ機関砲をとりつけたほか、多数の七・七ミリで武装することにより、戦闘機の掩護なしでも敵戦闘機と戦えることをねらった重武装の爆撃機だった。

午前八時三十分、つづいて戦隊長福田武夫少佐直率の五九戦隊の隼が離陸開始。チモール島東端上空で旋回しながら空中集合をおえた爆撃隊を追った。

単調な海上飛行。一見、戦争を忘れさせるようなのどかな光景であったが、飛行機のなかは、やがてはじまるであろう敵のはげしい邀撃を予想して緊張した空気がみなぎっていた。偵察機のもたらした空中写真によれば、ポート・ダーウィンには、敵の虎（とら）の子のスピットファイアをはじめとする六十機あまりの戦闘機の存在が確認されていたからである。

午前十時、あと三十分でオーストラリア本土にたっすると思われるころには、爆撃隊はたがいによりそうような密集編隊にかわり、戦闘機隊もまた、爆撃隊の背後におおいかぶさるように展開して戦闘準備をおわっていた。南の海はあくまでも青くひろがり、ときおりすぎる断雲をのぞいては、視野にはいるものはただ頼もしい友軍機の大編隊だけであった。

午前十時二十分、やがて前方にポツンと島が見えはじめた。ポート・ダーウィン北方洋上にあるメルビル島とパサースト島だ。この日を期してすでに何十回となく写真で見おぼえていたパイロットたちにとっては、はじめてという気がしないほどだった。

敵は近いぞ！　各機は青い空にむかっていっせいに機銃の試射をおえ、いちだんと警戒をつよめたとたん、頭上から矢のような敵機の一群が降ってきた。

「スピットファイアだ！」

敵は日本空襲部隊の来攻を完備したレーダーによっていちはやくキャッチし、ポート・ダーウィンの前哨線ともいうべきパサースト、メルビル両島上空に精鋭スピットファイア戦闘機隊を展開して待ちかまえていたのだ。

爆撃隊の射手もただちに応戦、最初の一撃をかわした隼も翼をひるがえしてスピットファイアを追い、戦闘機同士の凄絶な空戦が開始された。

八千五百メートルの高空から降ってきたスピットファイア隊は、はじめ優勢であるかに思われた。彼らは日本海軍の零戦とたたかった経験から、日本の戦闘機はスピットファイアのすぐれた操縦性をもってしても、メッサーシュミットとは比較にならない手ごわい相手であることをさとり、一撃離脱戦法にきりかえていた。

陸軍の〝ゼロ〟ともいうべき〝オスカー〟（連合軍側が隼につけたコード・ネーム）にたいしても同様な戦法をとったが、第一撃は成功しなかったので、ふたたび態勢をたてなおして日本機の編隊に突っこんだ。もはや高度の優位は失われて、彼我入りみだれての乱戦になった。

この日、爆撃機に乗って同行した朝日新聞の上山特派員は、眼前にくりひろげられた空中戦のもようをつぎのように書き送った。

「天地も裂けるかと思われるような轟音のなかで、わたしはジッと目を窓外にむけた。外側を飛んでいたわれわれの搭乗機の翼端スレスレに、優秀な性能を誇るスピットファイア二機が、猛烈な速度で機銃を射ちながら飛び去った。それはまさに〝風のごとく飛来し、飛び去る〟という形容そのままであった。

その敵機はわが戦闘機の一機が追いせまったと思った瞬間、後尾から真黒な煙を吐き出し、機首を下にむけて落ちていった。しかし、われわれのすぐ前方を飛んでいた重爆の太田大尉機も敵弾を受け、黒煙をながく引きながら自爆の態勢にうつった。

……こうしたすべては、一瞬のできごとではあったが、惨烈な空中戦の様子を私は窒息(ちっそく)するような思いで見つめていたのである」

ポート・ダーウィンを目前にしながら火を吐いた太田機は、編隊からはなれてしだいに高度がさがっていったが、なお食いさがるスピットファイアを撃墜したのち、別れのバンクをふりつつ青い海にとけ込むように姿を消したという。

敵機は、まず百式重爆の尾部銃座をねらってきた。松原中尉機も尾部砲手がやられ、機体から火を吐きはじめた。ともすれば機は安定を失って編隊をくずしがちとなったが、編隊からはなれると自分がやられるばかりでなく、敵にその間隙をつかれて編隊の防備がよわくなる。松原中尉はますます火災がひろがって操縦困難な機を沈着にあやつって最後まで編隊をくずそうとしなかったが、ついに力つきたようにガックリ機首を下げると、そのまま落下していった。

午前十時四十分、はげしい敵戦闘機の攻撃をかわしながら、攻撃部隊はポート・ダーウィン上空に進入、爆弾を投下したのち十時五十分、爆撃隊からつぎつぎと洋上に離脱した。

六月二十九日、大本営はつぎのように発表した。

「帝国陸軍航空部隊は、六月二十日および二十二日、豪州西北部における敵空軍基地ポート・ダーウィンを攻撃せり。その状況つぎの如し。
一、六月二十日。敵戦闘機四十数機と交戦、その二十七機を撃墜し、地上にありし三機を撃破せるほか兵舎群の大部および飛行場施設を爆砕、数箇所を炎上せしむ。わが方の損害自爆三機なり。
二、六月二十二日、戦闘機隊をもって再び進攻せるも、敵飛行機および対空火器とも、われに応戦するものなく、全機無事帰還せり」
なお、二十日の攻撃では第五九戦隊二十二機、第六〇戦隊の重爆十九機からなる本隊とはべつに、飛行第七五戦隊の九九双軽九機とこれを掩護した五九戦隊の隼十数機からなる別動隊が低空から奇襲攻撃をかけている。

さて日本側の記録は以上のとおりだが、オーストラリア側から見たこの戦闘のもようはどうであったか。たまたま入手することのできたオーストラリア軍の公式戦闘記録からそれをさぐってみよう。

『一九四三年六月十七日早朝、〝ダイナ〟写真偵察機（百式司偵のこと）が、二万八千フィートの高度でダーウィン上空にあらわれた。〝ダイナ〟はダーウィン、ホッジス、バッチュラーおよびコマリー飛行場上空を偵察していった。高射砲は火を吐き、四十二機のスピットファイアが迎撃にとび立った。二機のスピットファイアがこのつかまえにくい敵機を発見したが、かなりの高度差があったので攻撃することができなかった。

偵察機はダーウィン空襲の当然の前ぶれだったし、二日後には、この敵の意図は、クーパン（チモール島）に多数の飛行機が集結していることをしめすあわただしい無線の交信を、通信班が傍受することによって明らかとなった。

「明日は日本機の空襲があるぞ」と、戦闘機パイロットたちは覚悟し、整備員たちはきたるべき戦闘にそなえて、飛行機の整備に余念がなかった。

いよいよ二十日になった。午前九時四十五分、第20レーダー監視哨は、ダーウィンに接近中の日本機編隊をキャッチした。

スピットファイア三個中隊に邀撃命令が発せられた。数分後には四十六機が空中に舞いあがってホッジス飛行場上空二万フィートに集合した。コールドウェル空軍中佐の無線機が故障し、これに気づいた地上指令員がギブス中隊長に指揮をとるように命令を伝えたが、ギブスはエンジン故障で基地にひきかえさなければならなかった。

このあと三個中隊はそれぞれ単独に攻撃するよう決定され、第452中隊はマクドナルド少佐、第457中隊はワトリン少尉、第54中隊はフォスター少尉がそれぞれ指揮することになった。

第54中隊のパイロットが、パサースト島上空二万七千フィートを飛んでいる敵爆撃機を最初に発見した。

第54、第452両中隊はいっせいに増槽をおとし、敵が本島沿岸を横切った直後に攻撃を開始した。第54中隊が爆撃機と掩護戦闘機を同時に攻撃し、爆撃機四機と戦闘機一機を撃墜した。ホッジス中尉は二機の爆撃機に損傷をあたえ、フォスター中尉は編隊からおくれた他の爆撃機を攻撃、これは火を吐きながら海におちていった。

第452中隊の攻撃も成功をおさめ、三機の爆撃機を撃破した。この中隊のスピットファイア三機も掩護戦闘機と交戦し、モーワー中尉は一機を海中にたたきおとした。

いまや編隊を保持している爆撃機は十五機にへり、高射砲の砲門をひらいて待ちかまえているポート・ダーウィンに進路をむけた。ただちに第457中隊がこれを攻撃、さらに一機の爆撃機をコックス半島に墜落炎上させた。

十時四十五分、爆撃機編隊はウィネリーの空軍および陸軍の兵舎群にたいし、四十個の爆弾を投下した。この結果、兵隊三名死亡、十一名が負傷し、仮設兵舎二棟と潤滑油入りドラム缶六十本を積んだ貨車が破壊され、線路が三箇所切断された。

爆撃終了後、敵編隊はダーウィン港上空を通過した。このとき、コールドウェルとウォルターズ編隊長はこれを攻撃、コールドウェルは射撃寸前まで肉薄したところで、零戦（おそらくこれは隼で、形が零戦に似かよってみえたところからしばしば混同されていた）によって妨害された。

しかし、ひきつづいた空戦で、彼は一機の隼を海上に撃墜した。ウォルターズは爆撃機を攻撃したが戦果はなく、海上を退避する敵を追跡して、ついにもう一機の隼を撃破した。

十時五十五分をすぎたころ、爆撃機十機からなるべつの編隊（飛行第七五戦隊の九九双軽隊）が、ダーウィン飛行場およびウィネリー兵舎群を超低空で銃爆撃した。これらの低空爆撃隊はスピットファイアが高空の爆撃機隊を迎撃している間隙をつく奇襲をねらったものだが、統合を欠いていたようだ。第54中隊のパイロットの一人がこれを発見、その一機を撃墜した。二人のスピットファイア・パイロットが午前の邀撃戦で撃墜され戦死したが、スピットファイア隊は爆撃機九機、戦闘機五機を撃墜、ほかの十機に損害をあたえた。

オーストラリア空軍にとって、この日の邀撃は、この時期のダーウィンにおけるもっとも輝かしい成功だった。マッカーサー将軍はこの戦闘にたいして祝辞を送り、スピットファイア中隊による信頼の回復をもたらした勝利をたたえた。

一日おいて翌々日、ダーウィンちかくにふたたび敵機影がみとめられたが、空襲は行なわれなかった。おそらく敵爆撃機は掩護戦闘機との空中集合に失敗したため、空襲を断念したものと判断された」

以上がオーストラリア側の記録の概略だが、六月二十日および二十二日の戦闘についての両軍の記録によるスコアを比較すると、

	撃墜	撃破	自軍の損害
日本側発表	二十七	三（地上）	三
オーストラリア側発表	十四	十	二

となり、まったく対照的なことがわかる。しかし、これもどうやら相手側にあたえた損害の方はあやしいが、自軍の損害は比較的正確だと判断するよりほかはないようだ。

　ところで、いつの世でもそうだが、ある戦闘の結果にたいする敵味方の発表のくいちがいが大きいのは常識となっている。極端な場合は、ノモンハンの空中戦にもみられるように、彼我それぞれ大勝利をうたっていることもあり、どちらが本当なのか判断に苦しむことが多い。それも、どちらかいっぽうが全滅したとか、降伏したとかいった結果のはっきりした場合はいいが、そうでない場合はやはり実相はわからないままだ。

　これには二つの原因が考えられる。一つは戦果の誤認であり、もう一つは故意に事実をまげて発表することだ。しかもこの両方がからみ合った場合は、発表はさらに真実からかけはなれたものとなる。とくに空中戦闘では戦果の確認がむずかしいところから、相手側にあたえた損害が誇張されがちだ。

　味方の損害ははっきりするが、敵側のはきわめて不明確である。一機を何機かで攻撃して落とした場合、それぞれが自己の撃墜を主張したり、はっきり最後を確認しないまま撃墜と報告することもあり得るからだ。

　たとえば、太平洋戦争のひとつのエポックとなった山本長官機撃墜事件で、襲撃側のロッキードP38編隊のあげた戦果は、長官機をふくむ陸攻三機、それに護衛の零戦三機を撃墜したことになっており、自軍の損害はP38一機ということだった。これにたいして、日本側の確認では、陸攻二機が墜落しただけで、この戦闘における零戦の損害は皆無であった。

　では、実際に陸軍航空部隊のポート・ダーウィンの空襲では果たしてどうだったのか。当時、隼の五九戦隊第三中隊長としてこの攻撃に参加した溝口雄二少佐（当時大尉）はこの間の事情をこう語っている。

「こちら側の撃墜数はややオーバーかも知れないが、オーストラリア側の発表もかなりいい加減だ。なぜなら、こちらの損害は事実、重爆二機と桑田茂人中尉の隼一機のあわせて三機だけだった。もっとも撃墜こそまぬがれたものの、重爆隊のうけた被害は大きく、以後の作戦継続を断念しなければならなかったほどだった」

二十二日の攻撃が戦闘機だけになってしまったのもこのためで、オーストラリア側が予想したように爆撃機隊が戦闘機隊との空中集合に失敗したせいではなかった。また、攻撃が行なわれなかったのは、雲でおおわれて目標を発見することができなかったためだ。もっとも、日本側に作戦を中止せざるをえないほどの打撃を与えたという事実の方が、撃墜や撃破機数が正しいかどうかなどということより、はるかに重要なことだった。

それにしても、九七重爆だったらおそらくもっと多くが火を吐いて撃墜されたであろうと思われるほどのはげしい敵戦闘機の攻撃に耐え、二機の損失だけでともかくも基地まで帰ることのできた百式重爆の防弾装備のよさは、日本機として異例だったといえる。

なお、隼戦闘機同様、この百式重爆も小山技師長の息のかかった飛行機だった。

B24との死闘

ここで再びビルマの第六四戦隊に目をむけてみよう。一年のうち半年は雨季となるビルマでは、この間は航空戦は休業状態となる。昭和十七年雨季明けの十月から十八年五月末までの間に撃墜七十一機（うち不確実五機）、ほかに大破炎上十五機の戦果をおさめた戦隊は、夏の雨季入りとともに一部をラングーンの防空に残してタイ国のドンムアン飛行場に後退し、きたるべき雨季明けの戦闘再開にそなえて再編成と訓練にはげんだ。

太平洋戦争の中期以降、旧式化をたどった隼にかわる陸軍の新鋭戦闘機として期待された三式戦飛燕（上）と四式戦疾風。

六四戦隊の主力をふくむ戦闘機三個戦隊約百機、重爆二個戦隊五十四機のビルマ方面航空部隊がタイとマレーに後退したあと、残されたのは牟田弘国少佐のひきいる二一戦隊の二式複座戦闘機屠龍数機と、黒江保彦大尉以下の六四戦隊隼十機であった。

黒江大尉は戦隊付として加藤少将亡きあと、技倆、精神の両面で六四戦隊のリーダー格だったから、本隊が後退したあとの留守部隊の主将としてはうってつけだった。

このころ、インド方面から敵の偵察

機がさかんにラングーン上空にやってきた。たいていはノースアメリカンB25爆撃機かロッキードP38を改造した写真偵察機だったが、B25にしろP38にしろ速度がはやく、時速五百キロそこそこの隼では撃墜は困難だった。とくに隼より百キロ以上もはやいP38にはまったく手がでないかに思われたが、九月中旬のある日、ついに戦隊の多久和曹長がP38を撃墜した。

P38だっていつも最高速度を出しているわけではなく、安全圏に脱したと思えば巡航速度におとす。そこが隼のつけ目で、敵に気づかれないよう辛抱(しんぼう)づよく追ってゆき、スピードをおとしたところを奇襲したのだった。

それから一週間後、おなじ方法で今度は黒江大尉がP38を落としたが、このころからB25や双発双胴のP38とはちがう双発のスマートな新型偵察機があらわれた。

これこそイギリス空軍の最新鋭機で、時速六百五十キロの高速万能機デハヴィランド・モスキートだった。P38とおなじ液冷エンジン二基だったが、高空性能のすぐれた強力なロールス・ロイス「マーリン」二基のモスキートと、一千馬力の「栄」一基の隼とでは勝負にならなかった。

かつて、敵基地上空を通り魔のように飛び去る日本軍の百式司偵に連合軍の戦闘機は追いつけず、苦い思いをしたものだったが、それの裏返しがモスキートだった。

そこで第五飛行師団長からモスキートを落としたら酒を出すという通達がでた。そして十月の末、P38をおとしたのと同じ方法で、黒江大尉がモスキート撃墜に成功した。

性能のおとる隼で敵の新型機を落とすには、パイロットの技倆ばかりでなく、研究、忍耐、闘志などで飛行機の性能をおぎなうよりほかはなかった。

モスキート出現のあとに、もっとやっかいな新鋭機——ノースアメリカンP51Cムスタングがビルマ戦線にあらわれた。

最高速度は時速七百キロで隼より二百キロ近くも早く、加えて良好な運動性と十二・七ミリ六梃の強力な武装のムスタングにはまったく歯が立ちそうになかったが、黒江大尉がモスキートをおとしてから約一ヵ月後の十一月二十五日、冒頭の記述のように同じ六四戦隊の檜與平中尉が列機とともに初見参のP51Cを三機も撃墜する殊勲をあげた。

それから二日後の十一月二十七日、ラングーン上空でのB24邀撃戦で、掩護のP51にやられた檜は右脚をひざ下から切断する重傷を負って戦列をはなれたが、檜のような優秀なパイロットが先制攻撃をかけた場合にのみ、隼二型でもP51に勝つチャンスはあったということだろう。

しかし、敵が優速を利して攻撃してくる場合は、対

第二次大戦中、米国で最も多く生産された爆撃機コンソリデーテッドB24。欧州からアジア戦線までひろく用いられた。

抗手段がなかったというのが妥当な見方だろう。

檜はこのあと、大尉に進級するとともに、負傷した右脚の本格治療のため内地に帰ったが、それと前後して、満州から飛行第二〇四戦隊の隼二型約三十機がビルマ攻防戦に参加のためミンガラドン飛行場に進出してきた。戦隊長は田淵宗(はじめ)少佐、開戦後に編成された比較的あたらしい戦隊で九七戦からの機種改変もおそく、昭和十八年五月にやっと隼一型、そして十月に二型装備となったばかりだった。

第二〇四戦隊の進出とともにタイ国のドンムアン飛行場に後退していた第六四戦隊主力も復帰、また支那方面からも第三三戦隊がビルマ作戦に転用されることになり、中部ビルマのヘホにいた第五〇戦隊を加えると百機以上の隼が集結した。だが敵もさるもの、雨季前の約五百機の勢力は七百機から八百機にふくれあがり、彼我の生産および補給力の差をマザマザと見せつけた。

檜らの奮戦で十一月二十七日に四機を落とし、B24撃墜に自信をもった隼のパイロットたちは四日後の十二月一日、ラングーン空襲にやってきたP51、B24の戦爆連合編隊を五十機以上で迎撃、六四戦隊の七機(うち不確実二機)をはじめ他戦隊も合わせると十二機という大量撃墜をやってのけた。

これにおそれをなしたか、敵はその後約一年近くもラングーンにたいする昼間空襲をやめてしまった。

隼によるB24撃墜で、忘れることができないのは、体当たりでおとした六四戦隊の渡辺美好軍曹、上口十三雄伍長、一日に三機撃墜の五〇戦隊穴吹智軍曹（のち曹長）だろう。

それはビルマが長い雨季にはいる前の五月某日のこと、渡辺軍曹は、被弾してもおちないB24爆撃機の後方から接近し、はげしい後流にあおられながらも大きな二枚の垂直尾翼の間の尾部銃座をプロペラでかじって大穴をあけ、そのあと僚機が、よってたかって撃墜した。

ニューギニア島で朽ち果てた姿をさらす百式重爆撃機呑龍。
同機も隼戦闘機と同じ小山技師が生んだ傑作爆撃機だった。

この年三月の石井中尉につづく二度目の体当たりであった。

三度目のB24体当たりをやったのは、まだ十八歳になるかならないかの、少年飛行兵出身の上口十三雄伍長だ。

十月二十五日、ラングーン空襲にやってきたB24を邀撃するため、隼がつぎつぎに飛び立ったが、まだ訓練中で邀撃から外されていた上口伍長は、無断で練習用のくたびれた隼で上がってしまった。

上空で見渡した上口の目に、被弾したらしくやや編隊からおくれて飛ぶB24の姿がうつり、戦闘機乗りの本能のように上口はそのB24に全速力で近づいていった。

そのあとのいとも不思議な光景を、中隊長の黒江大尉が見ていた。

「(われわれは)各機それぞれ、B24を追いこして前方の攻撃占位点に急いでいた。そのとき、ふらふらっと後方から、一機の隼が、敵編隊の最後尾のB24に攻撃をかけ、すーっと近寄っていって、ドカンとB24に追突した。

私は思わず『あーっ!』と声をのんだ。

勢いあまった隼は、敵の胴体の中ほど、後上方銃座のあたりまで喰いこんだ。片翼を持ち上げた隼は、まるで巨人の背中にとまったかっこうだった。

B24は、胴体のうえに、かたむいた隼を乗せたままの姿で、それでも数秒間は飛んでいたが、やがて隼がふり落とされ、急激なきりもみで、まわりながら落下し、すぐ純白のパラシュートが出た。

と、つづいてB24の巨大な胴体は、機首と尾部の両端をそれぞれにぎってへし折ったように、折れ目を上にしてポッカリと二つに割れた。

胴体の折れたB24は、巨体をのたうつように後半部が先に落ち、そのあとから主翼や操縦席のある前半の主要部がまわりながら墜落し、地上で大火炎を上げた。

われわれは、この空中サーカスのような驚くべき光景を、最初から終わりまで見まもっていた」(黒江保彦著『あ、隼戦闘隊』光人社刊)

奇蹟的にかすり傷ですんだ上口十三雄伍長は、救助されてもどってくると、中隊長の檜中

尉に、

「飛行機をこわして、申しわけありません」

といって小さくなったという。

ニューギニアに眠る飛行第77戦隊の隼戦闘機。海軍の零戦につぐ生産数を誇り、国民にもその名をひろく知られていた。

〝ビルマの桃太郎〟として有名だった五〇戦隊の穴吹智軍曹は、昭和十八年早々、ラングーン上空でB24をおとしてビルマ方面でのB24撃墜第一号を記録した男だが、何といっても穴吹の名を上げたのは昭和十八年十月八日のパセイン上空での空戦だ。

この戦闘で、単機よくB24とP38の編隊に突入した穴吹は、被弾負傷にもめげず、P38二機、B24二機をそれぞれ撃墜したあと、さらにB24一機を方向舵に体当たりしておとした。

隼二型の十二・七ミリ機関砲は、一梃あたり弾丸は二百五十発だから、P38二機のほか難敵中の難敵であるB24を二機もおとすというのは、無駄のない射撃のできるよほどの名手というべきで、弾丸がなくなると、今度は体当たりでおとすという闘志もかねそなえた勇者だった。

よほど当たり方がうまかったのか、海岸に不時着した穴吹は、三日後に救出されて生還した。が、この超人的な活躍に対し、生存者としては異例の個人感状が第三航空軍司令官から授与された。

穴吹は終戦までに四十八機を撃墜し、日本陸軍のナンバー2(ツー)エースになった。

ところで、こうしたいくつかの武勇伝はパイロットの旺盛な闘志をあらわすものではあるが、邀撃戦闘での戦果はいわば受け身のそれであり、あくまでも打って出て、敵の上空で戦う攻勢の姿勢が望ましい。

そこで、十二月五日、かねてからの目標だった東部インド平原にあるカルカッタ空襲が決行された。

この日、攻撃に出動したのは九七重爆二個戦隊五十四機、戦闘機は隼約百機、それに海軍の一式陸攻九機、零戦二十七機、全部合わせると二百機ちかくにもなり、これは当時この方面でつかうことのできた戦力のすべてであった。

だが、約半年をついやしてようやくつくり上げた戦力も、わずか六十機そこその爆撃機では、爆撃の効果も知れていた。そして、これだけの機数を集中使用しての攻撃は、十二月十三日のテンスキア進攻を限りに行なわれることはなくなり、以後急速に日本軍の攻勢は弱まっていった。

この傾向はビルマ戦線だけではなかった。

「P38に翻弄(ほんろう)され、もはや一式戦の時代にあらず」と、五九戦隊の闘将南郷茂男大尉をなげかせたほど、ニューギニア方面でも隼の衰退が目立った。なにしろ相手はP38や新手のリパブリックP47サンダーボルトといった高速の重戦で、こちらは人員も機材も交替なしの補給なし、連戦の疲労に加えて最低の環境とあってはもはやどうにもならないところに追いつめられていた。こんな条件下では隼も新鋭の飛燕も日一日と消耗して実動機の減少をつづけるだけで、この方面にいた戦闘機四個戦隊全部を合わせても一個戦隊分にもおよばないという絶望的な状態になった。

昭和十九年一月二十三日、つねに戦隊を引っぱって奮戦した〝ニューギニアの星〟南郷大尉も、かえらぬ人となって消えた。ウエワクに大挙来襲した敵機群の中に少数機で突入し、僚機とともに未帰還となったのだ。これより先、一月二日には飛燕の第六八戦隊長木林清少佐も戦死したが、病いを押してのムリな出撃の結果であった。

ニューギニアの戦場は、日本の戦闘機隊にとって文字どおり〝墓場〟となり、同時に戦いの暗い前途を示唆するものであった。

B29と初の遭遇戦

インドのテンスキアからビルマ北部上空をとおって雲南省の昆明に通ずる敵の航空路、いわゆる〝援蔣ルート〟は、蔣介石軍にとっても在支アメリカ第14航空軍の戦力増強のためにも、重要な動脈の役を果たしていた。

絶え間なくこの航空路を飛ぶ物資満載の輸送機を撃墜することは在支敵戦力に致命傷となることから、ビルマ方面航空軍は貴重な戦力の一部を割いてその任務にあたらせた。〝辻切り〟とよばれた輸送機攻撃作戦に転用されたのは飛行第五〇、第二〇四両戦隊の隼四十機あまりの兵力だった。

使われた輸送機はダグラスC47（DC3型）やカーチスC46コマンドなどで、非武装の鈍重なこれらの輸送機にたいして隼はかなりの戦果をあげた。

そうした中で、十月下旬、インド方面連合軍総司令官マウントバッテン大将がインドから中国訪問に飛ぶという情報が入り、戦隊は緊張した。もし、この最高司令官の搭乗機を撃墜することができれば、連合軍にとって大きな打撃となるばかりでなく、かつて山本長官機がP38に撃墜された仇討ちにもなるからだった。

前戦隊長石川正少佐の後任として、八月に戦隊付から戦隊長に昇格した新田重俊少佐は、各中隊から選抜した八機をその攻撃にあたらせることにした。ミートキーナの前進基地から交替で三日間哨戒をつづけ、輸送機数機を撃墜したが、あとからの情報でマウントバッテンは無事に中国に着いたことがわかり、敵司令官機撃墜の夢は消えた。

その後もこの地味な任務は続けられたが、年が変わった昭和十九年四月二十一日、お目当ての援蔣ルート付近を哨戒していた十二機の隼編隊は、約六百メートル上空を飛ぶ見なれない四発大型機を発見した。

（B24とはちがう。B17か？　それもちがう。とすれば新型機か？）

ためらいながらも、隼編隊は上昇しつつこの四発機を追った。かなりスピードも速いらしく、接近するのに時間がかかったが、近づくほどにそれは今までに見たこともない大型機であることがわかった。しかも機体の上下、後部にはあきらかに銃座と思われるものが観察され、輸送機ではなく強力な武装をもつ新型の爆撃機だと判断された。

太平洋戦争で日本に決定的な打撃をあたえたボーイングB29爆撃機。同機が初めて遭遇した日本軍機は隼戦闘機だった。

この大型爆撃機こそ、アメリカ第20爆撃兵団のチャールズ・ハンソン少佐が操縦するボーイングB29――「超空の要塞（スーパー・フォートレス）」の一機で、他の一機とともにインドから中国の成都にむかう途中、運わるく輸送機を待伏せしていた隼に見つかってしまったのだった。

しばらく追跡をつづけた隼は、下方から上昇しながらの不利な態勢で攻撃を加えて離脱した。たまたまB29の機関砲が故障して応戦しなかったからいいようなものの、もしB29の威力を知っていたら絶対にしてはならない攻撃法だった。B29は隼の反復攻撃をうけながらも、しだいに高度を上げ五千八百メートルまで上昇したとき、ようやく隼編隊は攻撃をあきらめて帰途についた。

この間、隼の一機は故障のなおったB29の尾部十二・七ミリ機関砲で被弾して戦列をはなれたが、撃墜は確認されなかった。いっぽうB29の方は、前部乗員室の与圧カプセル（高高度飛行にそなえ、一定高度の気圧を保つように気密室になっていた）に孔があいたが、気密室内への送風量をふやすことによって圧力を維持することができた。

この戦闘はB29と日本機との最初の接触であったが、隼十二機の攻撃をうけながらほんのかすり傷で飛び去ったB29の強さは、うらをかえせば隼の非力、さらにいうなら日本とアメリカの大きな戦力差をしめすものであった。

隼が遭遇したハンソン少佐の乗機は、中国の成都基地に集結するB29の第二陣で、その後もぞくぞくと機数がふえ、六月中旬には八十三機がそろった。そして六月十五日夜半、三十二機のB29が北九州の八幡製鉄所を爆撃したのを皮切りに、計画的な日本空襲を開始した。ところが、インドからの輸送機による補給では準備に時間がかかりすぎ、数十機のB29を飛ばせるには一週間以上も待たなければならなかった。

B29の北九州初爆撃の日は、ちょうど連合軍のサイパン島上陸の日であり、間をおかずに日本本土を空襲するためにはどうしてもサイパン島を含むマリアナ諸島がほしかったのだ。それに、成都からだと距離が遠すぎて空襲できるのはせいぜい北九州の工業地帯で、日本の中枢ともいうべき関東、中部、関西までは手をのばすことができなかったからだ。

五百三十隻のおびただしい艦船で運ばれた十二万七千名の上陸軍にたいし、日本軍は装備のおとる四分の一以下の兵力で一ヵ月以上にわたって戦ったが、事実上、兵力の全員にひとしい二万七千名の戦死者をだしてサイパンは落ちた。つづいて米軍はグアム、テニアンも占領し、得意の大規模な機械力を駆使しての基地づくりを開始、この年の十一月一日には東京地区にたいする最初のB29偵察機を飛ばせることに成功した。

第九章 「隼」は死なず

主役の座を降りる

中部太平洋での連合軍の大規模な反攻がはじまった昭和十九年六月当時、すでに性能の点で敵の新鋭機群に対抗しきれなくなった隼にかわり、新鋭機による戦隊がぞくぞく生まれつつあった。

昭和十七年十二月の飛行第六八、第七八両戦隊の三式戦闘機飛燕の装備にはじまり、飛行第五、第一七、第一八、第五五、第五六戦隊などが飛燕戦隊としてつぎつぎに編成され戦場に投入された。また昭和十九年三月には、隼の後継機である中島飛行機の四式戦闘機疾風(はやて)で編成された飛行第二二戦隊が生まれ、つづいて隼の第一、第一一戦隊が疾風に機種改変、以後、急激に新編成および隼からの機種改変による疾風戦隊がふえ、少数の二式単座戦闘機鍾馗および二式複座戦闘機屠龍戦隊を入れると、隼一辺倒だった陸軍戦闘機の陣容も大きくかわっていた。

この点は、やっと雷電、紫電、月光などが出てきたものの、依然として零戦にたよらなければならなかった海軍より進んでいたといえる。

だが、新鋭の飛燕、疾風は、ともにエンジン不調という泣きどころがあり、隼の信頼性と可動率はまだまだすてたものではなかった。隼がいかにつかいやすかったかを物語る好例に飛行第二四戦隊がある。

陸軍戦闘機隊としては老舗といえる第二四戦隊はどこの飛行団にも属さず、開戦劈頭から満州―フィリピン―満州―広東―パレンバン―ニューギニア―内地―ニューギニアと目まぐるしく移動し、一時は連合艦隊の指揮下にはいるなど、じつによく動きまわった部隊だ。こうした場合、パイロットは飛行機に乗って簡単に移動できるが、大量の整備器材と人員をかかえる整備隊は輸送機が少ないので空中移動ができず、陸路と輸送船にたよらなければならないのでずっとおくれる。

そこで、こういうことをやった。たとえば、飛行機が十二機あると、整備も十二人だけ行く。八人が機体担当であとは無線、機関砲、電気、計器がそれぞれ一人ずつ、したがって機付整備員は一人で二機ぐらいうけもつことになる。ふつうは一機について機付長一人に機付兵二、三名は最低必要なのだが、戦隊の整備技術がたかく隼の整備がらくだったからこれで間に合った。

彼らは移動のさい、胴体側面の無線の点検孔から機体内にもぐりこむ。同乗者用の設備などあるわけがないから、乗りこんだ胴体内の円框にロープを張りわたしてハンモック状にして、その上に小さくなってしゃがみこむ。整備用の工具箱をしっかりかかえ、下を這う操縦索を踏まないよう気をつかいながら、せまい胴体内で長時間を辛抱するのはたいへんつらいことだった。それも平穏なときはいいが、途中で敵機にでも出合ったらことだ。

第二〇戦隊長村岡英夫少佐は、整備員を胴体内にのせて移動中に敵機を発見、すぐに攻撃にはいったが、途中で整備員を乗せていることに気づき、あわてて中止したという。

しかし、整備員を乗せたまま実際に空戦をやってB24を撃墜した、たいへんなサムライもいた。こんなときの整備員はたいへんだ。前後左右にかかる猛烈なG（重力の加速度）に耐えて必死に円框につかまる。それも片手は工具箱をかかえたままだ。ときたまマイナスGがかかったりすると、工具箱がフワッと目の前に浮きあがり、あわててそれを引きもどすという喜劇のような悲劇もあった。ひどい目にあった整備員はまさか敵機を撃墜したとはしらず、降りてからパイロットに食ってかかったという。伝統ある強い戦闘機隊には、かならずこうした闘志も技倆もある優秀な整備隊がついていた。

第二四戦隊の整備隊長田口新大尉はこう語る。

「前線だから取扱説明書はゆきわたらないし、教育だって満足にやれない。そこで飛行機が新しくなると、翼の下や胴体の中に入って寝る。寝ぐるしいから目がさめると、手さぐりで位置をおぼえる。敵の空襲の目標になるのをさけるため夜でも灯火をつけて整備をすることはできない。こうして二、三日やっているうちにおぼえてしまう。

むずかしいといわれた『疾風』にしても、もとはといえば『隼』とおなじ中島飛行機製だからそううちがわない。むしろエンジンまわりなどは『隼』より整備しやすくできていた。新しいラチェのプロペラにはやてこずったが、どっちにしてもガバナはおなじで、作動が油圧から電気にかわっただけだからと、電気系統のテスターがないので豆ランプをつかいながら三日ぐらいでおぼえてしまった。

整備員の主力は平均年齢二十歳、若いので十六歳ぐらいの少年飛行兵出身で、彼らはたとえ十機いっせいにエンジンをまわしても、どの飛行機のエンジンの調子がどうだと聞き分けられるほど優秀だった」

飛燕や疾風などの新鋭機群も、エンジンをはじめとするトラブル続出とパイロットや整備員が機体に不なれなこともあって、すべてをこれらの機種に頼り切るにはなお不安があった。そこで、すでに限界だと思われた隼にたいし、さらにパワーアップした改良型の試作命令がでた。

昭和十八年十二月、中島にだされた内示によると、ハ一一五にメタノール噴射装置をつけ、最大速度を毎時三十キロ増大するというものだった。すでに連合軍側の戦闘機がいずれも最大速度六百キロ台になっているとき、この程度の性能向上ではたかがしれていたが、それをあえてやらなければならなかったほど追いつめられていたのだ。

シリンダー内に水メタノールを噴射し、内部温度の異常上昇をおさえることにより、エンジン回転数を毎分二千八百回転に、ブースト（吸気管入口の圧力）をプラス二百ミリから三百に上げることに成功したハ一一五は、出力も約二十パーセント増大して千三百馬力に向上した。

二型の量産機を改造した三型試作一号機は昭和十九年四月十日ごろに完成、試験飛行では高度六千メートルで五百六十八キロをだして関係者をよろこばせた。

メタノール・タンクは操縦席の後方にとりつけられ、前部のエンジンにはパイプで供給された。メタノール液の補給は、風防をしめてから風防上のキャップをはずし、風防内の胴体上面につきでた注入孔から行なったので、よく似た二型後期型との識別は、このメタノール注入孔が一つのポイントである。

エンジン換装にともなう外観上のもっとも大きな変化は、ジェット効果のある単排気管の採用だった。それまで、各排気管をまとめて一個の排気孔にしていたものを、それぞれの排気管からストレートに排気を出すようにした。これによってわずかながら速度をかせぐことができたうえに工作がらくになり、夜間の敵機攻撃に有効な消炎効果も得られるという多くのメリットがあった。

昭和十九年以降になると、ほとんどの日本陸海軍機がこの単排気管付となったが、隼三型は海軍の零戦五二型とともにもっともはやくこれを採用した機体だった。後に二型の後期型にも、この単排気管付があらわれたので、しばしば三型と混同されがちだが、写真からはほとんど相違はわからない。

三型ができたころになると、中島飛行機はキ84・疾風の生産で手いっぱいとなったので、三機を試作しただけで隼の量産はすぐに立川飛行機にうつされ、終戦までに二型もふくめて約二千五百機が立川飛行機で生産された。

陸軍航空本部技術部の木村昇技術少佐（昭和十七年に技師から転官）のメモによると、昭和十九年六月ごろの会議では、立川飛行機でのキ43二型から三型への生産移行計画のほか、キ43三型およびキ46（百式司令部偵察機）三型甲・乙をベースにした高高度戦闘機が研究議題にあがっている。

これは中島飛行機と立川飛行機でそれぞれ開発中の、排気タービン付高高度戦闘機キ87とキ94がまだ設計段階でもたつき、予想されるB29スーパー・フォートレスの来襲にとうてい間に合いそうもないところから、とりあえず隼を防空戦闘機に転用しようと考えたのだ。

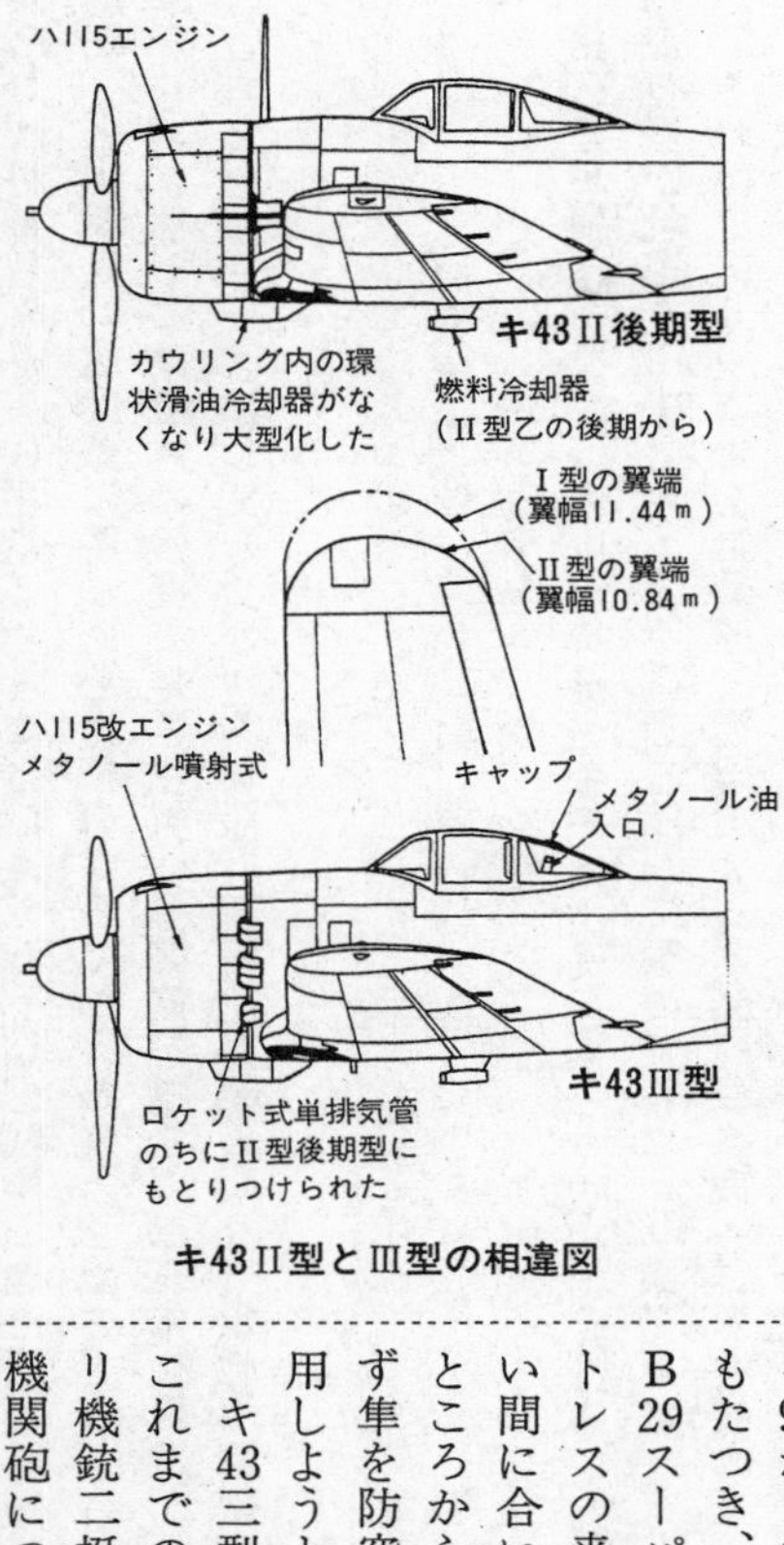

キ43 II型とIII型の相違図

キ43三型をベースに、これまでの十二・七ミリ機銃二梃を二十ミリ機関砲につけかえたが、このため機首がながくなり、機関砲および弾丸の重量増加に加えて機体そのものも重くなった。それなのにエンジンの出力はかわらないから性能は全般にわたって低下し、試作二機だけで計画は中止された。

結局、九七戦との格闘戦に勝つために極力かるくつくろうとしたことがわざわいし、大きなエンジンを積むには機体の強度不足、主翼に機関砲を積むには三本桁構造がじゃまをして、そのどちらをおこなうにしても大がかりな設計変更が必要となり、重戦隼四型は実現しなかった。

巨人爆撃機「富嶽」計画

キ43三型が制式になって立川飛行機で量産化がはじまった昭和十九年(一九四四)八月、中島飛行機が社運を——というより国運を賭(と)して進めていたビッグプロジェクトが中止になった。それはアメリカ本土を無着陸で爆撃できる六発の巨人機「富嶽(ふがく)」計画で、その発端は開戦から半年もたたないころだった。

昭和十七年四月十八日、ひそかに日本近海にしのび寄った航空母艦から発進したドーリットル中佐指揮のB25爆撃隊が、東京、横須賀をはじめ日本各地を爆撃した。

これは緒戦の大勝に酔っていた日本の軍部に衝撃を与えたが、被害そのものはたいしたことがなかったので、狼狽(ろうばい)をかくして極力その空襲を過少評価しようとした。

このころ、中島飛行機の創業者中島知久平は東條内閣の鉄道大臣だったが、この事実を重大にとらえた。そして、早くもB29クラスの大型爆撃機による大規模な戦略爆撃を予想し、あたらしい必勝戦策をたてなければ日本は敗れる、と各方面を説いてまわったが、景気のいい緒戦の勝ちいくさの中にあっては、だれ一人として中島の説に耳をかたむけようとはしなかった。

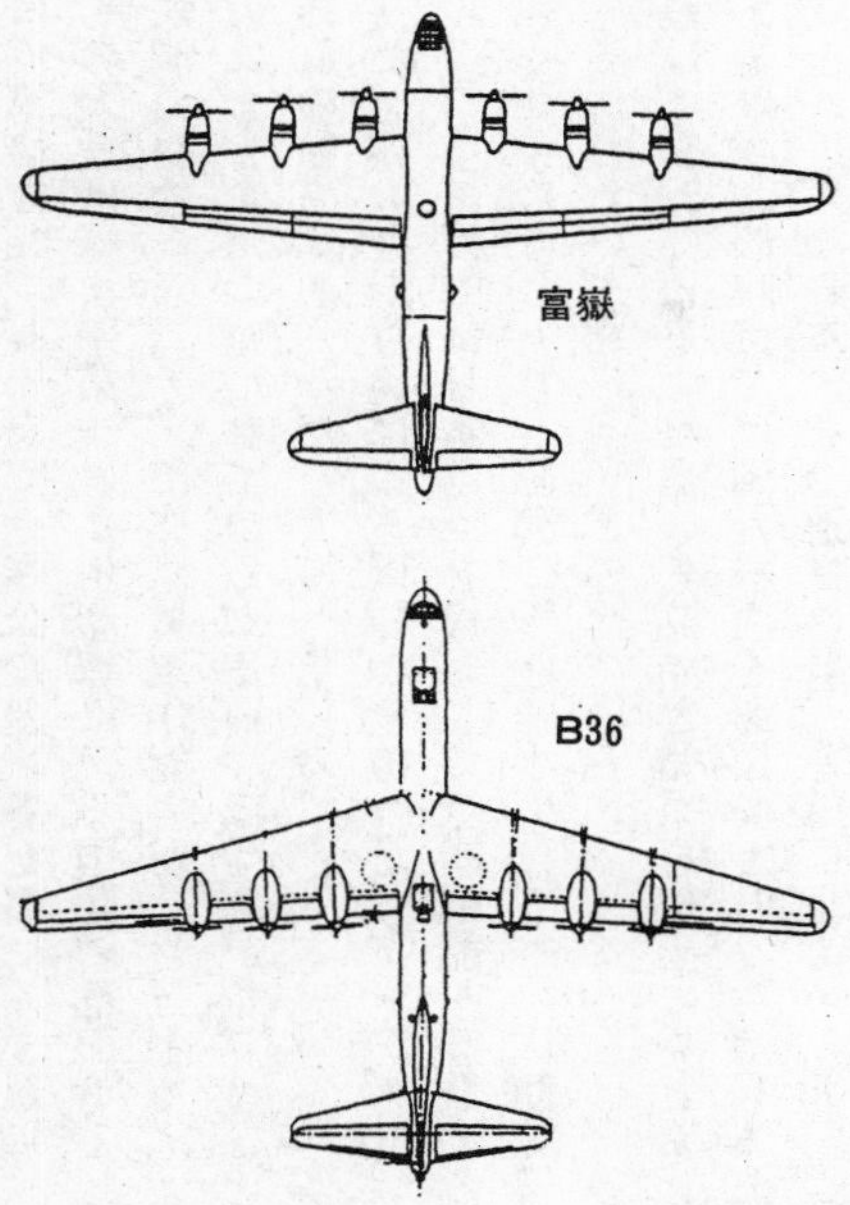

富嶽

B36

富嶽と戦後アメリカが完成したB36

彼は、アメリカか日本か、直接、相手の本土を爆撃できる大型機を先に完成した方が勝つと考え、信頼していた小山技師長に命じ、そのアウトラインをひそかに研究させていた。

ソロモン群島をめぐるはげしい攻防も、連合軍側の優勢のうちに峠をこし、日本本土への進攻の危機がたかまろうとしていた昭和十八年三月、たまりかねた中島は、これまでの研究結果をもとに『必勝戦策』の論文をつくりあげ、東條首相、高松宮、近衛公など、各方面にみずからくばった。

その要旨は、まず第一に「生産戦による国防の危機」として日米の軍需生産力をくらべ、製鉄能力が約一対二十、工作機械製作能力が一対五十でアメリカがはるかに優位にある。この差はときがたつにつれてひろがるいっぽうだから、よほどおもいきった手をうたないかぎり勝敗の結果は明らかだ、とのべている。

また、「大型飛行機による国防の危機」として、アメリカの大型爆撃機の製作状況についてのべ、その目的は日本本土を爆撃して生産機能を破壊することにあると断定、その時期は昭和十九年にはじまり、昭和二十年後半には日本の国防体勢は根底からくつがえされ、重大な危機におちいるだろう、とのべている。

彼は、B29による戦略爆撃の開始と結果を適確に見とおし、のちにそのとおりになったのであるが、この時点では国の総力をあげてとりくめば、まだ間にあう、と考えた。というより、それ以外に日本の勝つ道はない、と確信していたといったほうが正しいだろう。

中島知久平の『必勝戦策』の主役は〝Z〟機と称する超大型戦略爆撃機だった。

これは全備重量百六十トン、五千馬力のエンジン六基で、総出力は三万馬力、一万メートル以上の高度を時速七百キロ以上の高速で飛び、二十トンの爆弾をつんで太平洋を無着陸で往復できるという、とてつもないものだった。しかもこの巨人機は、七・七ミリ機銃を主翼に四百梃装備する地上掃射機や、一トン魚雷二十本を積む雷撃機にもなりうる計画だった。

この巨人機は、昭和十八年の春になって、ようやく陸海軍および民間の共同課題として推進することがきまり、「富嶽」という名称もつけられた。

技師長の小山は〝Z〟機の検討を命じられたとき、飛行機設計者の常識として、まずこれに使用するエンジンができるかどうかに疑問をいだいた。このころ、入手しうるもっとも馬力の大きなエンジンは、二千馬力のハ四五「誉」と二千四百五十馬力のハ四四があり、ともに中島の制作によるものだった。ハ四五はどちらかといえば戦闘機用であり、ハ四四のほうが直径や重量も大きいが出力も大きく、長時間とぶ爆撃機むきのエンジンだった。しかし、必要な五千馬力エンジンは、どうすればよいのか。

エンジンの心配をよそに、機体の設計は快調にすすみ、昭和十八年秋には図面もほぼそろうまでになった。

エンジンは馬力の大きいハ四四を縦に二基つなげる方法が検討されたが、技術的な諸問題解決の見こみがたたず、五千馬力エンジンの計画は断念せざるをえなくなった。

エンジン問題はふりだしにもどり、ハ四四をそのままつかうことになった。三万馬力のパワーを、なんとか維持しようと、おなじエンジン・ナセルに一基を推進式、一基を牽引(けんいん)式に配置して十二発とする案もあったが、結局は六発のままとし、そのかわり計画を変更して、全備重量も爆弾搭載量もへらすことになった。

それでも昭和二十年六月までに四百機を生産する目標はかわらず、設計が進行するいっぽうでは資材の集積も急がれ、中島の三鷹研究所の敷地内には富嶽組み立て用の巨大な工場建設も開始された。

この富嶽計画は戦局の悪化とともに、昭和十九年（一九四四）八月、発足いらい一年半たらずで中止となったが、大型機製作の経験豊富なアメリカですら、六発、全備重量百五十トンのＸＢ36をとばせたのが、戦後の一九四六年八月だったから、もともと戦争には間にあうはずがなかったのだ。

工場壊滅

富嶽計画中止より十ヵ月前の昭和十八年（一九四三）十一月初め、アメリカ陸軍航空軍の総司令官アーノルド将軍が、記者会見で重大な発表をした。

――強力な装甲と武装をもち、高高度用に建造された新型の超重爆撃機を開発中である。

――この新型機は十トンから十五トンの積載能力をもち、大西洋を無着陸で往復できる。

――この飛行機の出現により、Ｂ17やＢ24など従来の四発爆撃機は、中型機に格下げとなるであろう。

この超大型爆撃機がＢ29「超空の要塞（スーパー・フォートレス）」であった。Ｂ29がボーイング・モデル345として正式に開発が決定されたのは、一九四〇年六月十四日、ちょうどドイツ軍によってパリが陥落した日であった。

そして対日戦の戦略爆撃機として姿をあらわしたのは、一九四四年であった。

日本側は、アーノルド将軍の発表より早くからこの情報をキャッチし、その対策に着手していたが、当時、立川にあった陸軍航空技術研究所の設計室で、筆者も「極秘」の印がおされたこの超大型爆撃機にかんする回覧文書を見た記憶がある。筆者の属していた第一陸軍航空技術研究所第一課では、対ソ戦用の双発地上爆撃機キ93の設計開発をすすめていた。強力なソ連戦車を空中から撃破するため、五十七ミリの対戦車砲を積む計画だった。

日本本土を爆撃するB29爆撃機。戦略爆撃機の優れた能力を知る中島知久平は、その開発に、国運の前途を賭けていた。

　しかし、アメリカと戦い、その相手が超大型爆撃機の開発をすすめていることが明らかとなったからには、おそらくソ連の戦車よりも、このアメリカの新型爆撃機が攻撃目標になるのではないか、というおもいが筆者の脳裏をかすめた。

　B29開発中の情報にもとづき、軍ではこれを邀撃するための高高度戦闘機の開発を、中島、立川の二社に命ずるとともに、大規模な空襲にそなえ、全国で防空壕づくりがはじめられた。

B29による最初の日本本土爆撃は、昭和十九年六月十四日、中国の基地から日本の製鉄産業の中心地、八幡にたいしておこなわれた。だが、それが本格化したのは、なんといってもマリアナ諸島が占領されてからだった。

この年の十一月一日、東京周辺の空は、まっさおな秋晴れであった。空襲警報が発令されて間もなく、人びとは高空を飛行雲をひきながら、すべるように飛んでくる一機の大型機を見た。

「B29だっ！」

ぬけるように青い空をバックにした銀色の巨体は、それがきわめて危険な敵機であることをわすれさせるほどの美しさであった。

この日やってきたのは、マリアナ基地を発進した第三写真偵察中隊の一機で、一万メートル以上の高空から三十五分間にわたり、東京周辺の偵察をおこなった。そのなかには、やがて第一の攻撃目標となった日本最大の航空機用エンジン工場である中島飛行機武蔵野製作所や、三鷹研究所に建設中であった富嶽の巨大な組立工場もふくまれていた。

富嶽は、このマリアナ基地からの最初のB29来襲の三ヵ月前、すでに見こみなしとして計画中止となっていたが、その直接の原因は、なんといってもマリアナ諸島の失陥と、B29の進出とが予想されたからだった。この時点で、戦略爆撃機開発競争におけるたちおくれが、あまりにも歴然としたからにほかならない。

十一月二十四日、満を持した第73爆撃飛行団の百十一機が、マリアナ基地からの初の日本本土空襲に飛びたった。十七機が故障で基地に引きかえし、残る九十四機が東京をめざしてすすんだ。

爆撃隊は午後一時すぎ目標上空に達したが、中島飛行機の工場は低空の雲で完全におおわれていたので、目標に投弾できたのはわずか二十四機に過ぎなかった。やむをえず六十四機は住宅地域を爆撃したが、六機はついに爆撃できなかった。

この日、高度八千から一万メートルで進入してきた九十四機のB29にたいし、陸海軍の戦闘機百機以上で迎撃したが、高空性能のわるさと強力なB29の火網のため充分な攻撃ができず、わずかに体当たりによって一機を撃墜しただけだった。

首都東京の陸軍防空戦闘隊の布陣を見ると、調布（ちょうふ）の第二四四戦隊が飛燕四十機、成増（なります）の第四七戦隊が鍾馗三十機、松戸の第五三戦隊が双発の屠龍二十五機といった状態で、隼はわずかに印旛（いんば）の第二三戦隊が鍾馗との混成であったに過ぎず、あとは飛行学校などで臨時に編成された防空戦闘隊にあっただけで、B29邀撃戦にかんしては完全にほかの機種にお株をうばわれてしまった。

この日の爆撃で百人以上の死傷者がでたが、武蔵野製作所の被害は意外に小さく、工場従業員たちの士気も旺盛で、ただちに復旧作業にとりかかった。第一回の中島飛行機武蔵野製作所爆撃を皮切りに、十二月に六回、翌二十年一月に五回、二月に三回とB29は矢つぎばやに来襲し、関東地区と名古屋地区の航空機工場を主として爆撃、その延べ機数は千機をこえた。

なかでも、中島飛行機は集中的にねらわれ、この期間に武蔵野製作所五回、太田製作所と小泉製作所がそれぞれ一回爆撃された。このあともひきつづき各社の飛行機工場が爆撃をうけたが、武蔵野製作所の打撃によるエンジン生産能力の低下は、のちのわが航空機生産計画に重大な影響をあたえた。

特殊攻撃機「剣」

マリアナ諸島がおち、B29の進攻が現実の問題となり、富嶽の中止がきまった昭和十九年夏の時点で、中島飛行機はあまりにも大きくなりすぎていた。

太田、小泉、宇都宮、半田、浜松、大宮などの各製作所は、おおくの分工場をもち、その分布範囲も、北は岩手、福島から、西は愛知、三重、さらに北陸地方にまでおよび、この年のすえには十二の製作所、五十六の分工場の従業員は、二十万人にたっしていた。

この年は生産高も最高にたっし、機体が約八千機、エンジンが一万四千基を記録した。

このようにマンモス化した結果、各製作所間の連絡は充分に行なわれず、全体としての組織だった運営はむずかしくなっていた。

この年の十月、サイパンをうばった米軍は、フィリピンのレイテに上陸した。

このレイテ決戦で、零戦に二百五十キロ爆弾を積んで敵艦に体当たりする特別攻撃隊が出現し、このあとにつづくおおくの特攻隊のさきがけとなった。

太平洋戦争末期、急速大量生産をめざして作られた特殊攻撃機剣。爆撃下での航空機の生産をあげる苦肉の策であった。

海上では「大和」とともに日本海軍のシンボルであった世界最大の戦艦「武蔵」も、航空機の援護なしの出撃で、爆撃機や雷撃機の集中攻撃をうけ、四十六センチの巨砲はついに敵艦にまみえることなく、むなしく空をにらんでシブヤン海に沈んだ。

それはかつて、いみじくも中島知久平が予言したとおりの、痛恨きわまりない最期であった。

戦況の悪化は、設計者たちにもおもくのしかかり、彼らをいてもたってもいられないような、焦燥にかりたてた。そこに追いうちをかけるような、B29の工場爆撃がつづいた。

「なにかをしなければならない」

「なにかやらなければ日本は負ける」

だれもがそうおもい、なすべきなにかをもとめた。

なんでもよい、仕事に熱中していれば不安やあせりからのがれることができたが、目標をうしなった設計室では、もう設計など悠長なことをやってはいられない。現場に行って「疾風の鋲打ちでもやらせてくれ」という製図工もでてきた。

小山技師長は命令をくだし、設計者といえども各人の希望にそって、やりたい職場に行かせることにした。技師長自身も設計をやめ、太田工場の生産進行をみることとし、一機でもおおくの飛行機をつくりだそうとつとめた。

ばらばらになった設計メンバーのあるものは、それぞれ分散して新機種の設計をはじめた。前橋では渋谷巌技師らがジェット戦闘攻撃機キ201「火龍」を、三鷹では青木邦弘技師らが特殊攻撃機キ115「剣」の設計にかかったが、彼らはあたかも戦場にあるような気持で設計に没入した。

とりわけ、青木技師たちのキ115の進捗ははやく、昭和二十年一月二十日に陸軍から試作指示があってから、わずか二ヵ月たらずの三月五日には、試作機を完成するという異例のスピードであった。

できるだけはやく戦力化するという目的から、構造をできるだけ簡単にして、つくりやすく、未熟なパイロットでもあつかえるよう、操縦席や操縦系統もきわめて簡素なものとした。主翼はジュラルミンをつかったが、胴体そのほかは、資源の不足した当時でも比較的入手しやすかった鋼板や木材でつくれるようにしてあった。

胴体断面は、これもつくりやすい真円、エンジンは八百馬力から千三百馬力までならどれでも装備できるなど、急速大量生産にむくようさまざまな配慮がされてあった。脚も引込みなどのめんどうな手間をはぶき、離陸後はきりはなし、帰還は胴体着陸をするよう、機体下面をとくに丈夫な構造にしてあった。

終戦のころまでに百五機が完成、疾風の生産ラインとむかいあって、ずらりとならんでいた。

ところで、このキ115剣について、戦後、体当たり攻撃を目的とした〝殺人機〟である、と当時の設計者たちを非難するような表現がしばしば見かけられたが、これは大きな誤りだ。

有翼の人間爆弾として開発された海軍の「桜花（おうか）」とことなり、あくまでもすぐ戦闘に間にあうことを目的として設計された攻撃機で、胴体下面に装備した五百キロ爆弾を投下したあとは生還することがたてまえだった。ただ、当時の戦況からみて、特攻機として使用される可能性はたかかった、とはいえるであろう。

しかし、実際には百五機も完成していたにもかかわらず、ついに一機も実戦に参加せず、まして特攻攻撃につかわれたことはなかったのである。

矛をおさめて

ちょうど一年前、ビルマのB24邀撃戦で右脚を失った檜與平大尉は、その後義足をつけて大空に復帰し、明野飛行学校の教官をしばらくやっていたが、昭和二十年春になって新しく編成された飛行第二〇集団の第二大隊長になった。飛行機はすでに旧式となった隼ではなく、最新鋭の五式戦闘機で、速度、上昇力、降下時のダッシュのよさといい、隼とは比較にならないその高性能に檜は満足した。

「これで思う存分に戦える！」という檜の高揚した気分とは逆に、敵の本土上陸に備えて飛行機を温存する方針が打ち出され、髀肉の嘆をかこつことになったが、それでも四月二十二日のP51との戦闘、六月五日のB29邀撃戦、七月十六日の紀伊半島上空でのP51との戦闘と、わずかながらも出動を重ね、七月十六日にはついに五式戦による初のP51撃墜を果たした。

不確実五機を含む撃墜十一機の大戦果をあげた六月五日のB29邀撃戦のあと、檜は少佐に進級した。二十五歳の、陸軍でもっとも若い少佐だった。その後、檜大隊は四国高松に移動し、さらに八月十三日には名古屋の小牧飛行場に移った。もとより、二日後の戦争終結など知るよしもなかった。

その日は晴れていた。夏空はぬけるように青く、ふと戦争をわすれさせるような、奇妙なしずけさすら感じられる日だった。

昭和二十年八月十五日——。

名古屋近郊の小牧飛行場に展開した檜部隊は、夜を徹して、飛行機の整備にあたっていた。ロケット砲装着の準備もおわった新鋭五式戦は、いつでも特攻攻撃にとびたてる状態にあった。

この日の午後におこったことについて、檜氏は、つぎのように書いている。

――今日、正午から陛下の放送があるから全員謹聴するように、との通達があった。

「異例だな」

「なんだろう」

「ソ連にたいする宣戦布告だよ」

みんながそう話しあっていた。

私は、部下たちに、それぞれの飛行機の偽装を一段と強化させて、十二時すこし前に宿舎の廊下に整列を命じた。きっと、ソ連にたいする宣戦布告にちがいない。日ソ不可侵条約を無視して戦争をしかけてきたソ連は、断固として撃つべきで、宣戦布告のおくれているのがおかしいくらいだ、と私は信じていた。

やがて、受信状態のよくないラジオから、陛下の声がとぎれがちにながれてきた。と、それは意外にも無条件降伏を告げるものであった。私は、航空帽を廊下にたたきつけた。航空眼鏡が、微塵にくだけちった。

（なんのための戦いだったのか。なんのためにはらわれた犠牲だ。数十万の将兵の死は、いったい、どういうことになるのか……）

いいようのない憤激が体内をつきぬけた。が、断はくだったのだ。矛を棄てなければならない。私も部下も、みんないっしょになって泣きくずれた。

うつろなときは過ぎた。気がついたら、すでに夕闇がせまっていた。司令官からの命令がつたえられた。

「命令、わが国は無条件降伏を通達したのみにて、なんのとりきめもなく、不法に本土に上陸せんとする敵あらばこれを撃滅すべき命を受く。

目下、高知沖の敵艦船（数不明）は本土にむけ進攻中なり。一部上陸艦船は、海軍特攻隊の攻撃をうけ、炎上中なり。飛行二〇集団は、全力をあげてこれを撃滅せんとす。各部隊はただちに出動準備すべし。出発にかんしては、別命す」

私は、昼間、床にたたきつけて破損した飛行帽をひっつかんで部屋をとびだし、全員集合をかけた。

「敵艦船は、高知沖を本土にむかい侵攻中で、これを海軍特攻隊が攻撃、すでに一部艦船は炎上中とのことだ。部隊はただちに出動、これを撃滅する」

部下たちの顔にみるみる生気がよみがえり、いっせいに「万歳」をさけんだ。もはやおおくを語る必要はなかった。みな、覚悟はできていた。

「隊長。これで最後ですが、師団長も飛行団長も出撃されるのですか」

ひくいが、部下の声は真剣そのものだった。

「いや、このあと、どういう事態になるかわからないから、おれが指揮してゆく。こんどこそ、かならず命中させよう。敵艦を体当たりで沈めて、あまったものはかえってこいよ」

しまいのひとことで、緊張がほぐれた。

晴れの出撃を祝って、門出の酒をくみかわした。

「さあ、いこう」

私が先頭で宿舎から外にでたとき、息せききって伝令がとんできた。

「檜少佐どの、司令部からです。さきの敵艦船侵攻中は誤電であります。高知沖の艦船炎上は、高知湾港の燃料倉庫の誤りだそうです」

はりつめていたものが、すうーと身体からぬけていった。私は、くらい宿舎の前にたたずんだまま、しばし動けなかった。部下たちもおなじおもいか、沈黙のみが、おもくあたりを支配した。

ふしぎに、悔いはなかった。やるだけやった。戦うだけ戦ったというおもいが、必死に私をささえていた。だが、えたいの知れないむなしさを、どうすることもできなかった。

加藤部隊長の顔、安間少佐の顔、仲のよかった遠藤大尉の顔、そして隼とともに散ったおおくの戦友たちの顔!

空の果てで、炎熱のビルマの基地でのかれらとの一駒一駒が、そのとき、くっきりとまぶたの裏によみがえってきた。そして、あのなつかしい部隊歌『加藤隼戦闘隊』の歌声までが、きこえてくるような気がしてならなかった。

エンジンの音　轟々と
隼は征く　雲のはて
…………

私は、あふれでる涙をぬぐいもやらず、くらい小牧飛行場の一角に、いつまでもたちつくしていた。（『つばさの血戦』）

八月十五日の終戦以後、日本国内は虚脱と混乱に見舞われた。占領軍は日本の戦力を根こそぎなくすため、つぎつぎに強力な手をうった。とりわけ、日本の軍需生産と戦争遂行に大きな役割りをはたした財閥にたいする処置はきびしかった。

当時の日本の航空工業を、ほとんど二分していた三菱と中島も、巨大な財閥ということで解体されたが、三菱と中島とでは、その処置にはいくぶんの開きがみられた。

いずれも巨大財閥ということだったが、厳密にいって中島は巨大な会社ではあったが、財閥ではなかった。むしろ、創立者であった中島知久平が政友会総裁であり、政治家であったために政商とみなされ、その処置は三菱などより苛酷なものとなった。

三菱その他の財閥は、国内法による財閥解体の措置がとられただけだったが、中島にはそのほかに、占領軍司令官マッカーサー元帥による「スペシャル・メモランダム」というさらにきびしい処置がくわえられた。これは占領政策によるもので、国内法による財閥解体はそれよりずっとあとになって、日本政府によって行なわれたものだ。中島は占領軍にとって目のかたきだったようで、会社が十数社に分割されたのはまだしも、当時、経営の任にあった重役たちは追放され、出社できなくなってしまった。たとえ戦争にやぶれて業務は停止したとはいえ、まだおおくの従業員がのこっているし、軍需生産から平和産業へのきりかえなど、会社の経営者たちがやらねばならない問題は、山積していた。

はげしい空襲による被害をさけて、中島の陸軍機設計室のあった三鷹研究所は、岩手県水沢市に疎開していた。

昭和二十年四月一日付の軍需省命令で、中島飛行機製作所は、一片の書類によって全設備とすべての技術者を徴用された。名称も軍需省第一軍需工廠とかわり、三鷹研究所も同日付で第一軍需工廠第二一製造廠として岩手県への疎開が下命された。廠長は研究所長がそのまま横すべりだから、小山は軍需省軍需官として役人になったことになる。

二十年四月に疎開下命があって、すぐに疎開の作業をはじめたが、なにしろ空襲がはげしく、交通も混乱状態にあったからおもうようにはかどらず、そのうち八月十五日の終戦をむかえた。

当然のことながら軍需省は廃止、徴用されたいっさいのものは中島（すでに富士産業と改称していた）に、これまた一片の書類によって返還された。

三鷹研究所はまだ疎開がおわっていなかったので、二重の混乱におそわれた。

中島の重役たちは占領軍による追放にくわえ、わずか五ヵ月の名ばかりの役人だったため、さらに公職追放令にもひっかかってしまった。

ときに小山悌、四十三歳。もっとも若い経営者として、すでに取締役になっていたので、当然、追放令の適用をうけた。だが、敗戦によって生活の道を断たれた人びとに、なんとか仕事をあたえなければと、あらゆる手をつくして奔走（ほんそう）した。

た。

彼の部下たちは、あまりにも飛行機に没入しすぎて、ほかの才覚をもちあわせていなかった。

小山は、多忙なうちにも、これからなにをやったら、自分たちの生活のためにも、国のためにもなるかを考えた。

敗戦によって日本の国土は半分になってしまった。そして、これまで六千万人が住んでいた土地に、外地からの引揚者も収容して八千万人が生活しなければならない。

無限の大空はまったく閉ざされ、生命線とたのんだ海も、わずか三十パーセントの自由しかのこされていない。いったい、日本はこれからどうやって生きていけばよいのか。さまざまにおもいをめぐらしていたとき、ふと「国破れて山河あり……」の文句をおもいだした。

そうだ。緑だ。森だ。林業だ。B29は都市の大半を焼きはらったが、国土の七十パーセントをしめる山林は、まったく失われずにのこっているではないか。

小山は昭和二十七年、五十歳のときに、ようやく追放解除となって上京したが、岩手に疎開中は林業機械化協会をつくって副会長に就任するいっぽう、林業について徹底した研究にはげんだ。

追放解除後は、林業機械をつくる岩手富士産業株式会社取締役として正式に就任したが、彼にはひそかな計画があった。いろいろな企業では大体五十五歳を停年としているが、五十五歳の能力というのは一体どんなものかためしてみたい、と考えていた。

五十五歳になったとき、なんの準備もなしに林業技術士の国家試験をうけ、みごとに合格した。さらに、六十歳になったとき、もう一度、自分の能力テストにチャレンジをこころみた。東大農学部に論文を提出、これも合格して学位をとった。昭和三十七年三月二十七日に東京大学から農学博士号を授与されたのである。

昭和三十一年八月、ICAによる三ヵ月のアメリカ視察旅行にでかけた。ICAというのはInternational Civil Authorities の略で、往復の航空運賃は自分もちだが、あとはすべて先方が負担するというシステムだった。日本の民間技術を、アメリカに学ぶことによって引き上げてやろうというのがねらいであったようだ。

もちろん、小山の目的は、アメリカの林業、および林業機械の視察であった。アメリカ国内を飛行機で移動中のことだった。とつぜん、制服を着た旅客機のパイロットが客席にあらわれた。

彼はつかつかと、小山のところにやってきて、「ミスター・コヤマか」とたずねた。「イエス」とこたえると、彼は手をさしのべて握手をもとめ、そして小山を操縦席に安内した。

彼はこの旅客機の機長だった。ICAからの書類で、小山がかつての有名な飛行機設計者であることを知り、戦後の進歩した旅客機の操縦室を見せようとの好意であった。

機体は、プロペラ機の最後ともいうべきコンベア双発機で、小山は、戦時中の日本の爆撃機にくらべ、はるかに進歩したコックピットの計器類や設備に感慨をおぼえた。

同時に、かつて手がけた九七戦、隼、鍾馗、疾風などの戦闘機、双発爆撃機の呑龍や最後に手がけて未完成におわった六発の巨人爆撃機富嶽のことなどが、ふと脳裏をよぎった。おもえば戦争は、とおい過去のようでもあり、昨日のようでもあった。「サンキュー」小山は機長に、心から礼をいって客席にもどった。

エピローグ

隼は、昭和十四年一月の試作第一号機完成後、十九年九月までの六年間に中島飛行機で三千百八十七機、立川飛行機と陸軍航空工廠で二千五百六十四機、合計五千七百五十一機がつくられ、日本では海軍の零戦の一万四百二十五機（うち中島での生産が六千五百四十五機）についで二番目に多くつくられた機体となった。

これらの機体は、戦闘によるはげしい消耗と特攻攻撃などによってそのほとんどが失われ、訓練用あるいは本土決戦用などで終戦時に残っていたのは五百機ほどではなかったかと想像される。しかし、これらの機体のほとんどは連合軍の進駐とともに破壊されてしまった。

イギリスの著名な作家ウィリアム・グリーンは、著書『第二次世界大戦の有名戦闘機』のなかで隼についてこう述べている。

「第二次大戦に参加した主要国の空軍には、すべて〝働き馬〟があった。戦闘がはじまったときに実用化されており、おわったときにもまだつかわれていて、多様な任務につかわれ、あらゆる戦線で戦ったのが〝働き馬〟だ。

中島の一式戦闘機もしくは『隼』もこの一例で、日本陸軍航空隊ではもっとも多くつかわれた。

『隼』はいくつかの面で過渡的な機体で、一九三〇年後期の軽翼面荷重で固定脚の戦闘機と、一九四〇年はじめに出現しはじめた大馬力の重戦闘機のギャップを埋めるものである。

このような特徴をもっていたので、実用期間中に交戦した連合軍の戦闘機より断然強くもなく、また完全に等外に落とされるような存在でもなかった」

太平洋戦争初期のころ対戦したカーチスP40、ホーカー・ハリケーン、ブリュースター・バッファローなどにくらべて格闘性と航続力はまさっていたが、バッファローをのぞき速度はやや劣り、武装はP40の十二・七ミリ六、ハリケーンの七・七ミリ八ないし十二にたいして七・七ミリ二（一型甲）、または十二・七ミリと七・七ミリ各一（一型乙）は比較にならないほど貧弱だった。

軍も隼の活躍についてかなり疑問視し、頼みはパイロットたちの中にはすでに長い実戦の経験をもった者が多くいるということだけだった。それが、いざ戦争がはじまってみるとハリケーンもバッファローも問題にならないほど強いことにおどろいた。

しかし、中期になるとP40も新型となり、ロッキードP38、スピットファイア5C、などに苦戦するようになり、さらに後期にかけてぞくぞく出現したリパブリックP47サンダーボルト、ノースアメリカンP51ムスタング、グラマンF6Fヘルキャット、チャンス・ヴォートF4Uコルセアなどの大出力エンジン付戦闘機は、もはやまともに戦える相手ではなかった。

それでも太平洋戦争の天王山といわれた昭和十九年秋のレイテ決戦では、第一三、第二四、第三〇、第三一および第二〇四の各戦隊がなお隼をもって戦いをつづけ、最後には特攻機の主力として多くの機体が若いパイロットたちと運命をともにした。

隼の特徴をひとくちにいってみれば、最大三千キロにおよぶ長大な航続力と、軽戦特有のすぐれた格闘性だろう。さらに、ハ一一五「栄」エンジンの無類の信頼性、整備の容易さなどもふくめてつかいやすく、日本の軍用機としては可動率がたかかったことなどがあげられるが、世界の大勢である戦闘機の高速、重武装化の趨勢からとりのこされ、絶頂期をすぎてもなお酷使されなければならなかったところに、優美な戦闘機隼の悲しい宿命があった。

現在、世界に残っている隼は、三機が確認されている。すなわち、ニュージーランドのコレクターが復元した一型、アメリカの国立スミソニアン航空宇宙博物

工場で量産中の一式戦闘機隼。対戦闘機用として開発された同機は、その能力を越えて酷使される悲しい宿命を辿った。

館がＥＡＡに貸与保管させている二型、そしてイギリスのコスフォード空軍基地に五式戦闘機とともに保管されている二型だ。そのほか、かつて隼が戦ったニューギニアには、草原に残骸をさらしたままの機体がいくつかあるらしい。

なお隼の名の由来であるが、飛行第五九戦隊とともに最初に隼が配備された飛行第六四戦隊の戦隊歌「隼は征く」からとったものである。

六四戦隊の戦隊歌には有名な、

エンジンの音轟々と　隼は征く雲の果て

の一節があるが、同戦隊では、自分たちの飛行機を俊敏な〝隼〟に見立ててこう歌っていた。そして彼らは、開戦四ヵ月後の昭和十七年三月初旬、「覆面脱いだ隼号」の見出しとともに新聞紙上でその活躍が大々的に報じられたのを見て、一式戦が戦隊歌と同じ隼と名づけられたのを知った。

のちに隼が戦隊長加藤建夫中佐の名と合体して、今では『加藤隼戦闘隊』として歌われている。なおこの歌は、同名の映画（東宝）の主題歌として有名になった。

文庫版のあとがき

初めて「隼」について書いたのは、『航空ファン』という雑誌に「隼とその設計者」と題して連載したときで、今（平成七年）から二十五年も前のことになる。その後昭和四十八年に『陸軍「隼」戦闘機』の題でサンケイ出版から、さらに『戦闘機・隼』の題で昭和五十二年に広済堂からと、単行本として二回出版された。

海軍の零戦が一年も先にデビューしていたにもかかわらず、ながいあいだ覆面のままだったのにくらべ、「隼」の方は早くからその愛称で、国民のあいだにひろく親しまれていた。

筆者が実際に「隼」を見たのは、昭和十八年一月に陸軍航空技術研究所に入ってからだが、それまでにも「翼（つばさ）の凱歌（がいか）」や「燃ゆる大空」などの航空映画を通じ、その優美な姿態に接して胸をときめかせたものだった。

今のようなカラーではなく、モノクロの画面だったし、空中撮影なんかもまだ幼稚ではあったが、高空からつばさをひるがえして急降下する戦闘機「隼」を、カメラが上から横から、あるいは真下からとらえて、あたかも筆者自身が機上にあるような興奮にさそってくれた。

執筆にあたっては、中島飛行機の技師長として「隼」をはじめ多くの傑作機を生む原動力となった小山悌（やすし）氏、その開発の設計主務者的役割りをはたした太田稔氏、「隼」戦闘隊の名指揮官だった檜與平（ひのきよへい）少佐、故加藤建夫少将夫人の加藤田鶴氏、そして「隼」を檜舞台におくり出すきっかけをつくった、かつての陸軍飛行実験部長今川一策（いっさく）少将をはじめ、多くの方がたからよせられたエピソードや資料をもとにした。

しかし、小山氏をはじめ鬼籍に入られた人も多く、今や「隼」について生（なま）の声を聞ける方はめっきり少なくなってしまった。だから今回この文庫版を出すにあたっても、ソースは以前とほとんど変わらないが、内容を再構築すると同時に気づいた誤りを直し、より正確な史実としたつもりだ。「隼」を心から愛する者の一人として、この本を同好の皆さんに読んでいただきたいと思う。

平成七年八月

碇　義朗

単行本　原題「陸軍『隼』戦闘機」昭和四十八年三月　サンケイ出版刊

解説

野原　茂

第一次世界大戦の初期に「スカウト」機という名称で誕生した戦闘機は、その複葉（稀に三葉機もあった）形態が基本という点からして、翼面荷重の低さを生かした「格闘戦」（ドッグファイト）と呼ばれる空中戦術に優れるのが第一義とされ、発達していった。

しかし、一九三〇年代のなかば頃に欧米列強国に相次いで出現した全金属製単葉戦闘機は、当然のように重量が重くなり、翼面荷重も高くなったので、軽快にクルクルと回る格闘戦術はそぐわなくなってきた。

そこで、ドイツが先鞭をつけたのが、複葉戦闘機に勝る速度、火力（射撃兵装）の優越を生かした「一撃離脱」と呼ばれる垂直面機動の空中戦術である。一九三五年に初飛行し、翌一九三六年に採用されたメッサーシュミットＢｆ109こそが、まさにこの空中戦術の申し子だった。

いっぽう、日本陸海軍では少し遅れて、昭和十一（一九三六）年に制式兵器採用された海軍九六式艦上戦闘機、同十二（一九三七）年に仮制式制定（陸軍用語で実質的な制式採用の意）された陸軍九七式戦闘機が、それぞれ初めての全金属製単葉形態機となったが、主脚は両機ともに旧態依然とした固定式だった。

この両機は、Ｂｆ109をはじめとする同時期の欧米同種機とは、根本的に異なった設計コンセプトに基づいて誕生した。すなわち、従来までの複葉戦闘機と同様に、機体は可能な限り軽く仕上げて翼面荷重を低く抑え、水平面の旋回性能を高める、すなわち格闘戦に適するようにしていたのが特徴だった。

とりわけ、九六式艦戦の構造設計を参考に、より徹底した軽量化と空力的洗練を加えた九七式戦の旋回性能は、全金属製単葉形態戦闘としては究極と言えるほどのレベルとなった。

その九七式戦の、無類の運動性能にすっかり魅了された陸軍航空本部は、本機の後継機を得るべく昭和十二年十二月、同じ開発メーカーの中島飛行機に対し、キ43の試作番号を与えて開発を発注する。

当局が要求したキ43の性能スペックは最大速度五〇〇キロ／時以上、高度五〇〇〇メートルまでの上昇時間は五分以内、行動半径八〇〇キロ以上という九七式戦を相応にレベルアップした値だったが、その要求項目の最後に記されていた一文が問題だった。すなわち、その一文とは〝九七式戦と同程度以上の運動性能を有すること〟という下りである。

前作を凌ぐ速度、上昇力などを実現するには、より以上の高出力発動機が必要だ。当然、その発動機はより大きく重くなり、それを搭載する機体もまた然りである。物理の法則に照らすまでもなく、より大きく重い機体が、小さく軽い機体に比べて運動性能が劣るのは必然で、同等、もしくはそれ以上などということはあり得ない。当局は、そのあり得ないことを実現せよと言っている訳で、まったく無茶な要求であった。

中島の技術陣も、この要求には頭を抱えたことだろうが、とにかく当局の要求には逆らえないので、可能な限りの手を尽くして、それに近い機体を実現しようとした。

まず重要な選択である搭載発動機だが、当時、自社の発動機部門が海軍向けの新型空冷星型複列一四気筒として実用化を進めていた、「ＮＡＭ」系の陸軍向け版（のちの「ハ二五」九九〇ｈｐ）とした。九七式戦が搭載していた「ハ一乙」七一〇ｈｐに比べて、約二九パーセントの出力アップである。

機体の基本設計は、九七式戦のそれをほぼ踏襲したものとし、大型化を極力抑えてより一層の軽量化を図るべく、全幅は一二センチ、全長は一・三メートルの増加、全備重量は約二〇パーセント増しの二二四〇キロ程度に抑えた。

運動性能の良し悪しを計る目安である翼面荷重は、主翼面積を九七式戦の一八・五六平方メートルから二二平方メートルに拡大して抑制しようとしたが、九六・四キロ／平方メートルに対し一〇一・九キロ／平方メートルとなった。

キ43の開発は迅速に進み、試作一号機は発注からちょうど一年後の昭和十三（一九三八）年十二月に完成しだが、テストでは最大速度四九五キロ／時、高度五〇〇〇メートルまでの上昇時間五分三〇秒と、要求値を少し下回る値しか示せなかった。

そして、ひき続いて完成した試作三号機までと、増加試作機一〇機を使って、九七式戦との模擬空中戦を含めた各種テストが行なわれた。しかし、速度性能では二五キロ／時ほど勝ったものの、前述した物理の法則により、水平面の旋回戦闘ではどうしても九七式戦には勝てなかった。

その結果、昭和十五（一九四〇）年夏までにはキ43の不採用は止むなし、という雰囲気が部内に満ち、中島もそれを察知して工場内の生産治具を撤去し始めた。

ところが、〝オクラ入り〟確実のキ43に思わぬ光明が射す。言うまでもなく、対米英開戦が現実味を帯び、その際に南進作戦を主担当する陸軍にとって、日本統治下の仏印（現・ベトナム、カンボジア地区）から、侵攻目標のマレー半島、シンガポールまでを往復作戦飛行できる戦闘機が不可欠となったのだ。現用の九七式戦の航続力約九〇〇キロではとても不可能であり、少なくとも行動半径一〇〇〇キロ、すなわち二〇〇〇キロ以上の航続力が必要だった。

これほど航続力の大きい戦闘機を新規に開発する時間的余裕はなく、陸軍飛行実験部の提案により、キ43に容量二〇〇リットル入りの落下タンク二個を懸吊する案が採用され、テストの結果、最大二六〇〇キロの航続力を得られることを確認。とり急ぎ「遠距離戦闘機」という名目で、限定三個中隊分四〇機の生産が中島に発注された。すでに生産用治具を撤去していた中島にとってはまさに〝晴天の霹靂（へきれき）〟に等しかったが、社員全員の努力で翌昭和十六（一九四一）年四月から生産機が完成し始めた。そして、翌五月、キ43は「一式戦闘機」の名称により仮制式制定され、これらを六月から九月にかけて急ぎ配備された飛行第五十九、六十四戦隊が、緒戦期に水際立った活躍を演じたのは承知のとおり。

当局が不採用の判断基準にした、九七式戦に劣る水平面の旋回性能も、緒戦期の英、米機に比べれば格段に勝り、熟練の操縦者技倆と相挨って、一式戦は予想以上の活躍を演じた。この事態に当局も本機に対する評価を一転。九七式戦の後継機として中島に緊急大量生産を命じた他、昭和十八(一九四三)年三月以降は、立川飛行機にも転換生産を担当させた。

しかし、海軍の零戦もそうだったが、一式戦のような軽量化を突き詰めて運動性の向上を図るという、いわば「軽戦闘機」の設計思想は、大局的な戦闘機発達という視点で見れば、一過性のものでしかなかった。

故に、太平洋戦争中期に二〇〇〇hp級エンジンを搭載し、高速と重火力にモノを言わせ、高度の優位を生かしての一撃離脱戦術に徹する連合軍側の新型戦闘機が出現すると、一式戦、零戦のような軽戦では太刀打ちできなくなってしまった。

本来ならば、その時点で少なくとも一五〇〇hp以上の発動機を搭載する、日本陸軍流に言うところの「重戦闘機」(速度と火力を優先する設計思想)的な後継機と交代できればよかった。だが、一式戦に続いて一年おきに採用された二式戦、三式戦、四式戦は、いずれも何がしかの問題を抱えていて、真の後継機になりきれなかった。

その結果、一式戦は旧式化を承知のうえで、太平洋戦争終結の日まで立川での量産が継続され、総計五七五一機という陸軍戦闘機史上最高の生産数を記録した。だが、この数字は裏を返せば、後継機不在という現実がもたらしたものである。

一式戦の生涯を顧みると、用兵者たる軍側には、大勢を見誤らぬ判断力が必須であるということを改めて知らしめる。狭い視野のみに捉われていると、時代の趨勢からとり残され悲哀を味わうという教訓でもある。

新装版　平成十五年七月　光人社刊

NF文庫

戦闘機「隼」 新装解説版

二〇二四年四月二十三日 第一刷発行

著 者 碇 義朗

発行者 赤堀正卓

発行所 株式会社 潮書房光人新社

〒100-8077 東京都千代田区大手町一-七-二

電話／〇三-六二八一-九八九一(代)

印刷・製本 中央精版印刷株式会社

定価はカバーに表示してあります
乱丁・落丁のものはお取りかえ
致します。本文は中性紙を使用

ISBN978-4-7698-3356-7 C0195

http://www.kojinsha.co.jp

NF文庫

刊行のことば

第二次世界大戦の戦火が熄んで五〇年——その間、小社は夥しい数の戦争の記録を渉猟し、発掘し、常に公正なる立場を貫いて書誌とし、大方の絶讃を博して今日に及ぶが、その源は、散華された世代への熱き思い入れであり、同時に、その記録を誌して平和の礎とし、後世に伝えんとするにある。

小社の出版物は、戦記、伝記、文学、エッセイ、写真集、その他、すでに一、〇〇〇点を越え、加えて戦後五〇年になんなんとするを契機として、「光人社NF（ノンフィクション）文庫」を創刊して、読者諸賢の熱烈要望におこたえする次第である。人生のバイブルとして、心弱きときの活性の糧として、散華の世代からの感動の肉声に、あなたもぜひ、耳を傾けて下さい。